作 者 简 介

陈付龙，博士，安徽师范大学教授、博士生导师，安徽省学术和技术带头人后备人选，安徽师范大学文津学者；现为安徽师范大学计算机与信息学院副院长，网络与信息安全安徽省重点实验室副主任；2008～2010 年受国家留学基金委派遣在美国莱斯大学攻读联合培养博士学位，2011 年于西北工业大学获得博士学位；主要研究信息物理融合系统及其安全；近年来主持和参与国家自然科学基金项目 5 项，主持安徽省自然科学基金项目、安徽省科技计划项目等科研课题 10 余项，在 *TDSC*、*WWW*、*MICPRO*、*CC*、*APN*、*KBS*、*JIIS* 等期刊和 ICDM、WI、WISE、DEXA、PAKDD 等会议上发表学术论文 100 余篇，获得 14 件发明专利、25 件实用新型专利授权，登记 23 件软件著作权；作为主编或副主编出版教材 12 部；获安徽省教学成果奖一等奖 1 项、二等奖 2 项、三等奖 2 项；担任 CCF 高级会员、ACM 会员、IEEE 会员、中国人工智能学会智能教育技术专委委员、安徽省计算机学会会员、安徽省计算机教育研究会常务理事、安徽省人工智能学会理事。

刘超，硕士，安徽师范大学信息管理中心工程师；2019 年于安徽师范大学获得硕士学位；主要研究信息物理融合系统和物联网；主持赛尔网络下一代互联网创新项目 1 项，参与国家自然科学基金项目 2 项，完成研发安徽师范大学工程类项目 4 项，在 *IEEE Access*、《计算机应用》等期刊和 IWCMC、Industrial IoT 等国际会议发表学术论文 7 篇，登记软件著作权 3 件，申请发明专利 1 件。

信息物理融合系统协同设计方法

陈付龙　刘　超　著

科　学　出　版　社
北　京

内 容 简 介

信息物理融合系统作为一种新型复杂信息系统，涉及多种计算模型的集成和协同工作，面临设计方法不统一、计算模型多样化、重用性差、复杂性高、难以验证等问题，使得开发较复杂系统的工作变得十分困难，甚至无法进行；或因为系统需求的不断变化或小组成员的流动导致项目失败，其协同设计是一个亟待解决的难题。针对异构环境下信息物理融合系统的协同设计，本书提出了一种结构化、可描述行为的开放性普适组件模型，用统一方法进行建模，引入可扩展描述方法，对各类组件用统一语法进行系统描述，并提出了多级开放组件模型的协同验证方法，确保模型真实地反映设计者的建模意图，尽早检测出可能会导致建模失败的设计错误。

本书适合从事信息物理融合系统建模与验证研究的科技工作者、从事物联网应用系统开发的设计者和工程师，以及计算机科学与技术专业研究生和本科生阅读。

图书在版编目（CIP）数据

信息物理融合系统协同设计方法 / 陈付龙，刘超著. —北京:科学出版社, 2020.12

ISBN 978-7-03-066990-2

Ⅰ. ①信… Ⅱ. ①陈… ②刘… Ⅲ. ①异构网络-研究 Ⅳ. ①TP393.02

中国版本图书馆 CIP 数据核字（2020）第 233380 号

责任编辑：胡庆家　范培培 / 责任校对：彭珍珍

责任印制：吴兆东 / 封面设计：无极书装

科 学 出 版 社 出版

北京东黄城根北街 16 号

邮政编码：100717

http://www.sciencep.com

北京中石油彩色印刷有限责任公司 印刷

科学出版社发行　各地新华书店经销

*

2020 年 12 月第 一 版　开本：720 × 1000　B5

2022 年 2 月第三次印刷　印张：11 3/4

字数：240 000

定价：88.00 元

（如有印装质量问题，我社负责调换）

前　言

本书研究解决面向信息物理融合的可重塑嵌入式系统 (软件系统、硬件系统) 和传感系统、控制系统、通信系统、物理系统协同建模问题，避免因采用不同模型建模和不同描述方法描述模型带来的不便，在充分考虑人、物等外部环境要素的前提下，围绕嵌入式系统核心，实现对各组成元素的开放建模、一致描述和协同验证，而非脱离实际环境孤立地进行系统设计。本书特色在于，所提出的建模方法具有开放性、普适性、结构性、协同性; 描述方法具有可扩展性和一致性; 验证方法具有层次性和协同性。针对面向信息物理融合的可重塑嵌入式系统，研究其协同建模与验证方法，本书创新之处概括为以下几点。

(1) 为 CPS 组件的协同建模提供一种开放性方法。OMG 的 UML 可以实现软件系统的建模，实时 UML 还支持硬件系统的建模。开放性组件建模方法区别于其他建模方法的地方在于：其行为模型是一种开放性的模型，兼容逻辑映射、层次并发 FSM、层次 Petri Nets、交互图等抽象模型，将交互模型融入行为模型中，并可扩展支持第三方抽象模型；其结构模型开放性地支持软件结构、硬件结构和其他系统的结构；融合了传感、控制、通信和物理系统，实现嵌入式系统和物理系统的协同建模，支持离散系统和连续系统建模。本书研究支持异构环境下 CPS 协同设计的开放性普适组件模型，采用开放性普适组件为 CPS 建模，利用统一的高层建模方法建立 CPS 中软件、硬件、环境子系统的抽象模型，以验证系统设计的正确性，以及将这些形式化的高层模型自动生成可执行的代码框架。本书定义了 CPS 组件的统一抽象模型，并对连接器和组件 (包括其行为、属性和结构) 等进行规范，搭建了建模平台原型 XModel，以支持 CPS 协同建模；提供组合、分解、折叠、展开等组件演算规则，为组件建模提供形式化方法。

(2) 为 CPS 开放性普适组件模型提供一种可扩展且一致的描述方法。XML 一般用于数据存储和传输，以往少见于描述行为和结构。近年来，随着 XML 应用领域的拓展，XML 逐渐用于描述行为和结构，例如，Ptolemy 建模工具就采用 XML 作为描述结果的存储格式，但仅限于支持该建模工具自身已有的模型描述。项目研究提出开放组件的 XML 描述方法，描述组件的行为模型和结构模型，解决嵌入式系统中硬件、软件和其他系统的描述语言不一致问题。该描述方法是可扩展的，用户可增添其他模型中惯用的和新型的描述方法。本书研究 CPS 普适组件模型的可扩展一致描述方法，采用 XML 定义了一种用于支持普适组件描述的语法规则，为组件定义高层抽象的模型提供了可扩展描述语言语法子集，以描述组件的行为、结构和属性等，解决 CPS 中硬件和软件系统的描述语言不一致问题，并支持对物理系统的描述。

(3) 为 CPS 开放性普适组件模型提供一种层次性协同验证方法。在多级组件协同验证层次中，有效性检查对异元组件进行完整性和稳定性协同检查，原型仿真对异构元件进行协同功能仿真。对综合目标为硬件的组件，HDL 仿真则可以进一步借助 EDA 软件进行功能验证和时序验证,而 FPGA 在线测试可实现对实体电路的测试。对编译目标为软件的组件，调试则可进一步借助特定语言的调试环境进行验证，而嵌入式开发板在线测试则可将组件转换为可在执行平台上执行的代码，实现软件实体测试。联合 FPGA 在线验证与嵌入式开发板测试验证，可进行不同类型的实体协同测试。本书研究 CPS 普适组件模型的协同验证方法，采用完整性、稳定性等有效性检查规则对组件模型进行形式化验证，对存在人为疏忽、设计错误等因素的组件抽象模型，进行初步检测，以确保模型真实地反映设计者的建模意图，并尽早检测出一些会导致模型最终不能解决问题的设计错误。

本书研究的面向协同设计的信息物理融合系统普适建模与验证方法，其理论和工程实践意义在于：①形成面向协同设计的信息物理融合系统设计方法，便于从整体上、宏观上把握问题，为设计提供支持，可以更好地解决问题，为 CPS 走向广泛应用建立理论和技术基础；②发现 CPS 设计的需求，加强设计人员之间的沟通，及早地发现问题或疏漏的地方，便于在设计前和设计后进行系统功能和非功能需求的协同验证，降低开发代价；③帮助设计者按照实际情况对系统进行可视化设计，允许设计者详细说明系统结构或行为，允许设计者在设计过程中和设计完成后对系统进行弹性调整；④引导系统开发，提供完整的普适组件参照模型，给出指导设计者构造系统的模板，根据协同建模的可扩展一致描述，对设计者做出的决策进行文档化，为代码 (自动) 生成提供依据，直接用于 CPS 的协同设计，有利于开发过程的管理。

本书为国家自然科学基金项目“面向医疗信息物理融合的安全认证与访问控制关键方法研究”（61972438）和“面向信息物理融合的可重塑异元嵌入式组件协同建模与验证方法”（61572036）研究成果,作者对国家自然科学基金委员会的资助深表感谢。周雯、孙云翔、叶和平、杨洁、朱君茹、张紫阳、张程、黄琤、程徐、孙回、张亭亭、刘扬等硕士研究生参与了本书的编写和校对。本书还得到了网络与信息安全安徽省重点实验室主任罗永龙教授的指导和帮助，在此一并表示感谢。

由于作者水平有限，书中难免存在疏漏，敬请广大读者批评指正。

陈付龙

2020 年 1 月

目　　录

第 1 章　信息物理融合系统概述

信息物理融合系统(Cyber-Physical Systems, CPS)是一种集合计算能力与物理世界的系统, 它能从各个方面改变人与世界的交互行为。作为物联网发展的关键要素，CPS 的研究也成为一项重要工作。本章介绍 CPS 的基本概念和应用领域，同时探讨 CPS 的体系结构、相关技术、国内外研究情况和相关建模方法。

1.1　信息物理融合系统基本概念

1.1.1　定义

2006 年, 美国国家科学基金会的 Helen Gill 首次提出了信息物理融合系统的概念。目前, 对 CPS 尚未有统一的定义。传统上, CPS 被认为是集成计算、通信、控制、存储等能力的系统, 这种系统以安全、可靠、高效、实时的方式进行操作。美国加州大学伯克利分校 Edward A.Lee 教授认为, CPS 是一种集成计算能力和物理过程的系统, 系统利用嵌入式计算机和网络对物理过程进行监控, 并且带有反馈环, 物理过程影响计算过程, 同样地, 计算过程也会影响物理过程。美国宾夕法尼亚大学 Insup Lee 教授认为, CPS 是一种计算、通信和物理过程集成系统, 嵌入式计算机实时地监视和控制物理过程。

本书中, 如图 1-1 所示, 将 CPS 定义为: CPS 是一个综合计算、网络和物理环

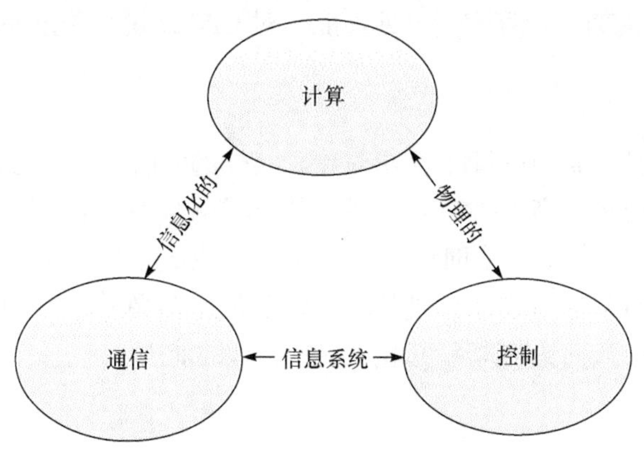

图 1-1　CPS 的 3C 核心概念

境的多维复杂系统，融合了网络世界中离散的计算过程和真实世界里连续的物理过程，其组成包括各类物理实体、感知执行设备、通信网络和计算机软硬件设备，通过 3C(Computation、Communication、Control)技术实现各种复杂因子之间的有机融合与深度协作，从而实现实时感知、动态控制和信息服务等功能。

例如，一个简单的 CPS 可以包括物理系统、嵌入式系统和计算机终端，如图 1-2 所示。物理系统包括物理环境中的物理实体，如机械、人、生物、自然环境等。嵌入式系统通过传感器采集物理系统状态，经处理器进行计算、判断等处理，并通过控制器对系统实施控制，还可以通过通信部件与其他嵌入式系统或者计算机终端进行通信。

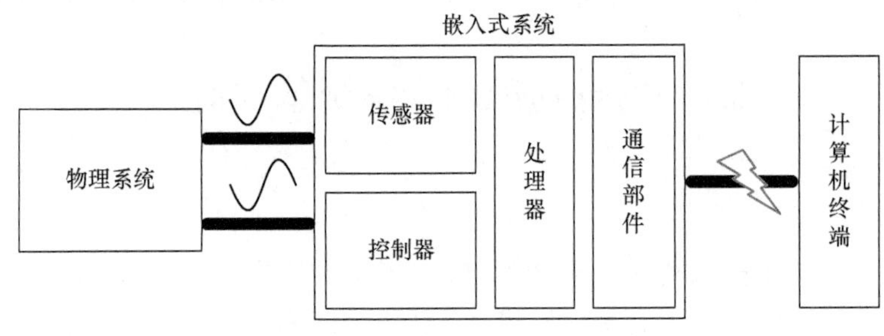

图 1-2 一个简单的 CPS 结构

1.1.2 特性

1. 并发性

物理过程是许多并行过程的组合。通过重排这些影响进程的操作来度量和控制进程的动态性是嵌入式系统的主要任务。因此，并发性在 CPS 中是固有的。CPS 需要处理的信息量远远大于传统的信息系统，且对分析和仿真的实时性要求很高，具有良好的并发能力、计算和信息处理能力对 CPS 来说至关重要。

2. 实时性

CPS 强调反馈与控制过程，突出对物理实体的实时、动态的信息控制与信息服务，对实时性要求较高。CPS 可以借助传感器网络和通信网络获得全面而详细的系统信息，从而实现系统实时监控。CPS 中构成了一个能与物理世界交互的感知反馈环，通过计算进程和物理进程相互影响的反馈循环，实现计算过程与物理过程的密切互动，从而给物理系统增加或扩展新的能力。

3. 自治性

CPS 规模庞大，甚至可能覆盖整个国家。因此，接入 CPS 的设备数量非常庞大，难以通过人工方式进行海量物理设备的管理，这要求 CPS 应具有自组织功能。例如，CPS 可以对设备进行自动识别和搜索并将其接入系统，CPS 的控制中心能立即获得该设备的各种信息，并进行即时控制。CPS 还应具有自适应功能，实现各种系统故障(包括物理和信息系统故障)的自动排除，保证系统正常运行。

4. 混合异构性

CPS 包括物理设备、软件、计算平台和网络组件。物理采集数据过程和计算之间的反馈回路包括传感器、执行器、物理动力学、计算、软件调度和具有信道争用和通信时延的网络。如何构建精准有效的 CPS 模型是 CPS 研究领域的一个挑战，其中涉及控制工程、系统工程、网络工程等领域模型的混合构建。此外，CPS 通常涉及大量异构组件，组件的组成结构及组件间的关系结构复杂，且类型不一、功能多样，需要计算、存储、通信、传感、控制以及物理等组件协同设计，难度特别大。

5. 安全性

CPS 因应用领域(如医疗系统、军事系统、电力系统)的特殊性，对系统安全的要求很高，任何一个 CPS 均应是实时且安全的系统。CPS 在设计的过程中均要考虑包括数据机密性、信息完整性、身份认证、访问控制、隐私保护等在内的安全需求。

1.1.3 相关术语

1. 物联网(IoT)

IoT 英文全称为 Internet of Things，是互联网、传统电信网等信息承载体，让所有能行使独立功能的普通物体实现互联互通。IoT 通过二维码识读设备、射频识别(RFID)装置、红外感应器、全球定位系统和激光扫描器等信息传感设备，按约定的协议，把任何物品与互联网相连接，进行信息交换和通信，以实现智能化识别、定位、跟踪、监控和管理。物联网将现实世界数字化，应用范围十分广泛。如图 1-3 所示，物联网的应用领域主要包括以下方面：运输和物流领域、工业制造领域、健康医疗领域、智能环境(家庭、办公、工厂)领域、个人和社会领域等，具有十分广阔的市场和应用前景。

2. 机器间通信(M2M)

M2M 英文全称为 Machine to Machine，意为机器设备之间在无需人为干预的情形下，直接通过网络沟通并自行完成任务的一个模式或系统，其结构如图 1-4

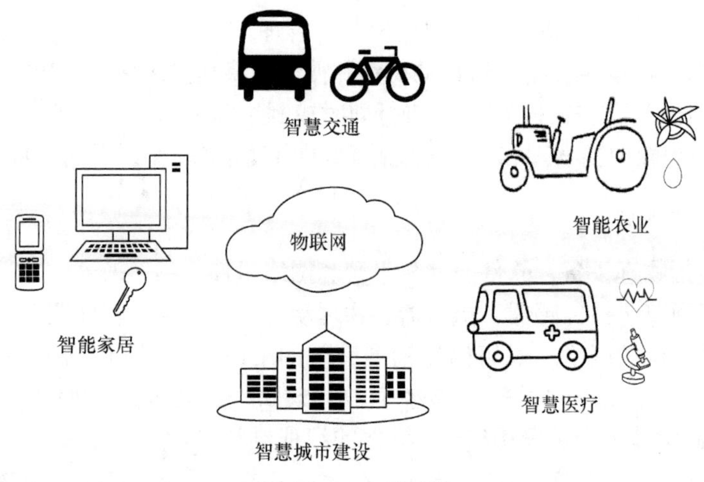

图 1-3　IoT 示意图

所示。它侧重于机器和机器之间的数据交换，从广义上来看，也可表示人对机器(Man to Machine)、机器对人(Machine to Man)、移动网络对机器(Mobile to Machine)的通信。现在更多的机器对机器通信已经转变为将一个数据发送到个人应用设备的网络系统。全世界 TCP/IP 网络的普及使得机器对机器通信更快、更简单，而且更省电，因而也带来不少商机。

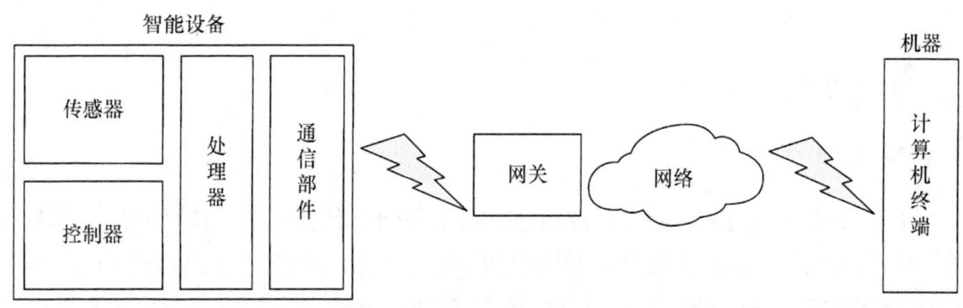

图 1-4　M2M 结构图

M2M 广泛应用在安全、农业、交通、电力、城市管理、家居和企业等多方面领域。举例来说，一个设备上的电子温度计或库存感测器将所侦测到的数据直接发送到后台计算机上的软件系统，该软件系统可根据该数据将所需采取的行动以指令的方式传回到该设备上。这样来回的沟通方式在以前都必须先通过中转才能获取相应的服务，而且传统的方式也比较耗能。

3. 无线传感器网络(WSN)

WSN 英文全称为 Wireless Sensor Network，又称无线感知网络。WSN 是由许多在空间中分布的自动设备组成的一种无线通信计算机网络，这些设备使用传感器协作地监控不同位置的物理或环境状况(比如温度、声音、振动、压力、运动或污染物)。

WSN 的每个节点除配备了一个或多个传感器之外，还装备了一个无线电收发器、一个很小的微控制器和一个能源(通常为电池)。单个传感器节点的尺寸大到一个航天飞机，小到一粒尘埃。WSN 的成本也是不定的，这取决于传感器网络的规模以及单个传感器节点功能的复杂度。传感器节点尺寸与复杂度的限制决定了能量、存储、计算速度与带宽的受限。

如图 1-5 所示，WSN 主要包括三个方面内容：感应、通信、计算(硬件、软件、算法)。其中的关键技术主要有无线数据库技术(如使用在无线传感器网络的查询)、用于和其他传感器通信的网络技术(特别是多次跳跃路由协议，如摩托罗拉使用在家庭控制系统中的 ZigBee 无线协议)。WSN 具有大规模、自组织、动态性、集成化、以数据为中心、具有密集的节点布置和协作方式执行任务的特征。

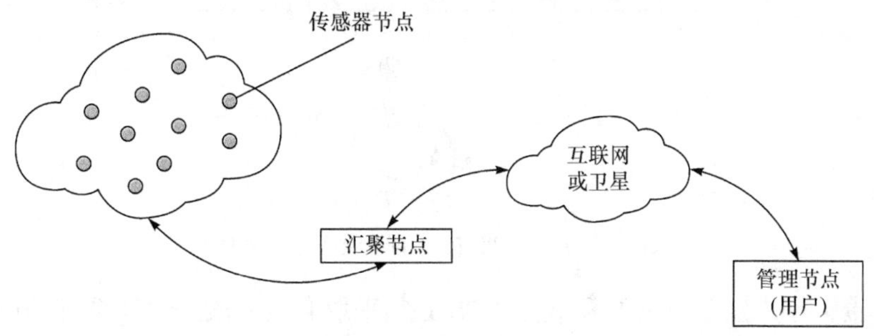

图 1-5　WSN 结构图

WSN 广泛应用于军事、智能交通、环境监控、医疗卫生等多个领域。在工业界和商业界中，它用于监测数据，而如果使用有线传感器，那么成本较高且实现起来困难。无线传感器可以长期放置在荒芜的地区，用于监测环境变量，而不需要将它们重新充电再放回去。WSN 的应用内容包括影像监视、交通监视、航空交通控制、机器人学、汽车自动驾驶、人体健康监测和工业自动化。在环境监控中一个典型的应用就是感测网(Sensor Web, SW)，众多传感器设备通过无线通信的方式进行连接，形成一个传感器网络。

4. 医疗信息物理融合系统(MCPS)

MCPS 英文全称为 Medical Cyber Physical Systems。MCPS 是以保障生命安全为重要前提的网络化、智能化的医疗设备系统，涵盖了计算机、临床医学、控制等多学科的知识和技术(周拴龙, 2012)。在传统的临床医学场景中，医务人员扮演着控制中心的角色，医疗设备则充当传感器和执行单元。如图 1-6 所示，MCPS 实现了各部件之间的网络化通信与协同操作，并加入了额外的决策与控制部件来辅助医务人员实施控制行为，是临床控制的一种全新设计理念。

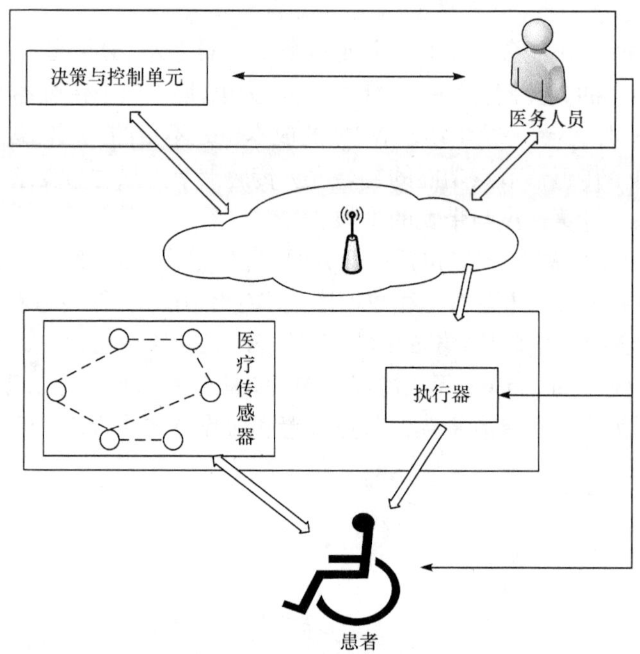

图 1-6　基于 CPS 技术的健康医疗关系图

健康医疗是性命攸关的领域，MCPS 必须采取有效手段来论证系统的可靠性。当前医疗系统的开发通常将验证工作放在设计的末期进行，容易导致设计变更过晚、代价巨大。如何设计一套有效的方法来验证 MCPS 各设计阶段的正确性与可靠性，是目前研究人员面临的一个挑战。另外，MCPS 要求医疗设备之间能协同执行临床任务，这对各部件通信接口提出了极高的技术要求。同时，由于人体结构十分复杂、生理参数实时变化，如何保证零延迟、零误差的信息交换，依然面临着不小的困难。

网络化使医疗设备有了更丰富的功能，但由此也产生了一些潜在问题，其中，安全和隐私问题最为突出。MCPS 中数据收集和管理的问题也十分突出，未经授权的访问或篡改信息的行为都可能造成患者隐私的泄露，由此产生歧视以及心理伤害等一系列社会问题。

5. 信息物理制造系统(CPPS)

CPPS 英文全称为 Cyber Physical Production Systems，即应用在生产制造过程的 CPS，其中包括虚拟设计分析、感测、控制、制程/设备、信息交换与生产管理系统，而 CPPS 所创造出来的智能工厂，即可称为工业 4.0 的精髓。

CPPS 由自主的、协作的元素和子系统组成，这些元素和子系统以依赖于情景的方式相互连接，并跨越生产的各个层次，从过程到机器，再到生产和物流网络。CPPS 通过高精准度的仿真、实时监控及制造过程中的控制与反馈，有效减少了产品投入市场所需的时间，降低了产品维护、修理成本，同时，能够预测产品潜在故障，并对个体组件生命周期进行评估。

CPPS 在一定程度上打破了传统的自动化金字塔。典型的控制和现场级仍然存在，其中包括接近技术流程的通用 PLC (Programmable Logic Controller,可编程逻辑控制器)，以便能够为关键控制循环提供最高的性能，而在另一个层次结构的较高级别中，CPPS 的特点是功能更加分散。

CPPS 支持人和机器以及产品之间的通信，其中元素能够采集和处理数据，能够自我控制某些任务，并通过接口与人交互。

1.2　CPS 应用领域

1.2.1　智能电网系统

1. 简介

智能电网，简单来说就是电网的智能化(智能电力)，也被称为电网 2.0，它是建立在集成的、高速双向通信网络的基础上，通过先进的传感和测量技术、设备技术、控制方法以及决策支持系统技术的应用，实现电网的可靠、安全、经济、高效、环境友好和使用安全的目标。其主要特征包括自愈、激励和保护用户、抵御攻击、提供满足用户需求的电能质量、容许各种不同发电形式的接入、启动电力市场以及资产的优化高效运行。

2. 关键技术

1) 通信

建立高速、双向、实时、集成的通信系统是实现智能电网的基础，没有这样的通信系统，任何智能电网的特征都无法实现，因为智能电网的数据获取、保护和控制都需要这样的通信系统的支持，因此建立这样的通信系统是迈向智能电网的第一步。同时通信系统要和电网一样深入到千家万户，这样就形成了两张紧密联系的网络——电网和通信网络，只有这样才能实现智能电网的目标和主要特征。

2) 量测

参数量测技术是智能电网基本的组成部件，先进的参数量测技术获得数据并将其转换成数据信息，以供智能电网的各个方面使用。它们评估电网设备的健康状况和电网的完整性，进行表计的读取、消除电费估计以及防止窃电、缓减电网阻塞。

3) 设备

智能电网要广泛应用先进的设备技术, 极大地提高输配电系统的性能。未来智能电网中的设备将充分应用材料、超导、储能、电力电子和微电子技术方面的最新研究成果, 从而提高功率密度、供电可靠性、电能质量以及电力生产的效率。

4) 控制

先进控制技术是指智能电网中分析、诊断和预测状态并确定和采取适当的措施以消除、减轻和防止供电中断和电能质量扰动的装置和算法。从某种程度上说, 先进控制技术紧密依靠并服务于其他关键技术领域, 如先进控制技术监测基本的元件(参数量测技术), 提供及时和适当的响应(集成通信技术、先进设备技术)并且对任何事件进行快速的诊断(先进决策技术)。另外, 先进控制技术支持市场报价技术以及提高资产的管理水平。

5) 支持

决策支持技术将复杂的电力系统数据转化为系统运行人员一目了然的可理解的信息, 如采用动画技术、动态着色技术、虚拟现实技术以及其他数据展示技术用来帮助系统运行人员认识、分析和处理紧急问题。

1.2.2 智能交通系统

1. 简介

智能交通系统(Intelligent Transport System, ITS)将先进的信息技术、数据通信技术、传感器技术、电子控制技术以及计算机技术等有效地综合运用于整个交通运输管理体系, 从而建立起一种大范围、全方位发挥作用的实时、准确、高效的综合运输和管理系统。

2. 主要构成

智能交通系统是一个复杂的综合性的系统, 从系统组成的角度可分成以下一些子系统。

1) 信息服务系统

信息服务系统建立在完善的信息网络基础上。交通参与者通过装备在道路、车、换乘站、停车场以及气象中心的传感器和传输设备, 向交通信息中心提供各地的实时交通信息; 信息服务系统得到这些信息并通过处理后, 实时向交通参与者提供道路交通信息、公共交通信息、换乘信息、停车场信息、交通气象信息以及与出行相关的其他信息; 出行者根据这些信息确定自己的出行方式、选择路线。更进一步, 当车上装备了自动定位和导航系统时, 该系统可以帮助驾驶员自动选择行驶路线。

2) 交通控制管理系统

交通控制管理系统有一部分与信息服务系统共用信息采集、处理和传输系统，但是交通控制管理系统主要是给交通管理者使用的，用于检测、控制和管理公路交通，在道路、车辆和驾驶员之间提供通信联系。它将对道路系统中的交通状况、交通事故、气象状况和交通环境进行实时的监视，依靠先进的车辆检测技术和计算机信息处理技术，获得有关交通状况的信息，并根据收集到的信息对交通进行控制，如控制信号灯、发布引导信息、道路管制、事故处理与救援等。

3) 先进公共运输系统(Advanced Public Transportation System, APTS)

APTS 的主要目的是采用各种智能技术促进公共运输业的发展，使公共运输系统实现安全便捷、经济、运量大的目标。如通过个人计算机、闭路电视等向公众就出行方式和事件、路线及车次选择等提供咨询，在公交车站通过显示器向候车者提供车辆的实时运行信息。在公交车辆管理中心，可以根据车辆的实时状态合理安排发车、收车等计划，提高工作效率和服务质量。

4) 先进车辆控制系统(Advanced Vehicle Control System, AVCS)

AVCS 的目的是借助车载设备和路测设备检测行驶环境变化，实现道路障碍自动识别、自动报警、自动转向、自动制动、自动保持安全距离和车速以及巡航控制等功能，从而使汽车行驶安全、高效，增强道路通行能力，提高行车安全。

5) 货运管理系统

这里指以高速道路网和信息管理系统为基础，利用物流理论进行管理的智能化的物流管理系统。综合利用卫星定位、地理信息系统、物流信息及网络技术有效组织货物运输，提高货运效率。

6) 电子收费系统(Electronic Toll Collection, ETC)

ETC 是目前世界上最先进的路桥收费方式。通过安装在车辆挡风玻璃上的车载器与在收费站 ETC 车道上的微波天线之间的微波进行专用短程通信，利用计算机联网技术与银行进行后台结算处理，从而达到车辆通过路桥收费站不需停车而能交纳路桥费的目的，显著提高了通行效率。

7) 紧急救援系统(Emergency Rescue System, ERS)

ERS 是一个特殊的系统，它的基础是信息服务系统、交通控制管理系统和有关的救援机构和设施，通过信息服务系统和交通控制管理系统将交通监控中心与职业的救援机构联成有机的整体，为道路使用者提供车辆故障现场紧急处置、拖车、现场救护、排除事故车辆等服务。

1.2.3　航空航天电子系统

信息物理融合系统是物理世界大量存在的同时具有通信、计算和控制过程且深度融合在一起的系统(杨孟飞等, 2012)。系统的有效运行基于通信、计算和控制的交互融合，仅考虑三者之中的任何一方面，都不能解决系统问题或达到系统目标。航空航天是 CPS 的一个重要应用领域, 卫星、飞船和深空探测器等都是典型的 CPS, 特别是各种航天器控制系统, 集中体现了通信、计算和控制的信息物理融合的系统特征。

航天器控制系统的设计是多目标的, 包括若干项功能性能和精度指标; 同时也是多领域的, 包括机械、电子、力、热、电磁、计算、通信、控制等。对于多目标的实现, 实际上是从多领域的角度进行综合求解的过程。目前系统设计主要从分立目标开始, 实践中依赖以往型号经验, 试错法(Trial-and-Error Method)使用较多。设计时(产品投产前)缺少可靠的方法和工具, 对于系统设计的多目标优化求解问题没有有效的解决方法；对于已经形成的设计, 缺乏有效的系统级设计的仿真分析与验证手段, 造成了设计风险后移且效率低, 使得系统研制周期长, 风险控制难度大, 资源耗费严重, 成本提高。

从 CPS 的角度出发, 研究航天器控制系统的信息物理融合, 目的是寻求建立一套有效的设计与验证的理论方法和技术途径, 使得设计结果满足系统的多目标要求, 且在设计阶段即可进行验证。这一混合优化求解过程中的多目标多领域参数包括线性的、非线性的, 定性的、定量的, 离散的、连续的, 实时的、离线的, 动态的、静态的等不同类型。

航天器控制系统一般由测量部件、控制部件和执行部件构成。测量部件是指利用各类参考源获取航天器姿态信息的装置, 如太阳敏感器、地球敏感器、星敏感器、惯性姿态敏感器、成像敏感器; 控制部件一般由中心控制器、模拟控制器和时钟组成;执行部件用于保持和改变航天器的姿态、轨道及各机构的状态, 包括推力器、动量轮、磁力矩器、帆板驱动机构以及其他机构驱动装置。

1.2.4 智慧医疗系统

1. 简介

智慧医疗是指通过打造健康档案区域医疗信息平台, 利用最先进的物联网技术, 实现患者与医务人员、医疗机构、医疗设备之间的互动, 逐步达到信息化。在不久的将来医疗行业将融入更多人工智能、传感技术等高科技, 使医疗服务走向真正意义的智能化, 推动医疗事业的繁荣发展。

2. 现有基础框架

智慧医疗由三部分组成, 分别为智慧医院系统、区域卫生系统以及家庭健康系统。

1) 智慧医院系统

智慧医院系统由数字医院和提升应用两部分组成。

数字医院包括医院信息系统(Hospital Information System, HIS)、实验室信息管理系统(Laboratory Information Management System, LIS)、医学影像信息存储和传输系统(Picture Archiving and Communication System, PACS)以及医生工作站四个部分。实现患者诊疗信息和行政管理信息的收集、存储、处理、提取及数据交换。

提升应用包括远程图像传输、大量数据计算处理等技术在数字医院建设过程中的应用, 实现医疗服务水平的提升。比如: ①远程探视, 避免探访者与病患的直接接触, 杜绝疾病蔓延, 缩短恢复进程; ②远程会诊, 支持优势医疗资源共享和跨地域优化配置; ③自动报警, 对病患的生命体征数据进行监控, 降低重症护理成本; ④临床决策系统, 协助医生分析详尽的病历, 为制订准确有效的治疗方案提供基础; ⑤智慧处方, 分析患者过敏和用药史, 反映药品产地批次, 有效记录和分析处方变更等信息, 为治疗慢性病和保健提供参考。

2) 区域卫生系统

区域卫生系统由区域卫生平台和公共卫生系统两部分组成。

区域卫生平台包括收集、处理、传输社区、医院、医疗科研机构、卫生监管部门记录的所有信息的区域卫生信息平台, 旨在运用尖端的科学和计算机技术, 帮助医疗单位以及其他有关组织开展疾病危险度的评价, 制订以个人为基础的危险因素干预计划, 减少医疗费用支出, 以及制订预防和控制疾病发生和发展的电子健康档案(Electronic Health Record, EHR)。比如: ①社区医疗服务系统, 提供一般疾病的基本治疗、慢性病的社区护理、大病向上转诊、接收恢复转诊的服务; ②科研机构管理系统, 对医学院、药品研究所、中医研究院等医疗卫生科研机构的病理研究、药品与设备开发、临床试验等信息进行综合管理。

公共卫生系统由卫生监督管理系统和疫情发布控制系统组成。

3) 家庭健康系统。

家庭健康系统是最贴近市民的健康保障, 包括针对行动不便无法送往医院进行救治病患的视讯医疗系统, 对慢性病以及老幼病患远程的照护系统, 对智障、残疾、传染病等特殊人群的健康监测系统, 还包括自动提示用药时间、服用禁忌、剩余药量等的智能服药系统。

从技术角度分析, 智慧医疗的概念框架包括基础环境、基础数据库群、软件基础平台及数据交换平台、综合应用及其服务体系、保障体系五个方面。

基础环境: 通过建设公共卫生专网, 实现与政府信息网的互联互通; 建设卫生数据中心, 为卫生基础数据和各种应用系统提供安全保障。

基础数据库群: 包括药品目录数据库、居民健康档案数据库、PACS 影像数据库、LIS 检验数据库、医疗人员数据库、医疗设备数据库等卫生领域的六大基础数据库。

软件基础平台及数据交换平台：提供三个层面的服务，首先是基础架构服务，提供虚拟优化服务器、存储服务器及网络资源；其次是平台服务，提供优化的中间件，包括应用服务器、数据库服务器、门户服务器等；最后是软件服务，包括应用、流程和信息服务。

综合应用及其服务体系：包括智慧医院系统、区域卫生平台和家庭健康系统三大类综合应用。

保障体系：包括安全保障体系、标准规范体系和管理保障体系三个方面。从技术安全、运行安全和管理安全三方面构建安全防范体系，切实保护基础平台及各个应用系统的可用性、机密性、完整性、抗抵赖性、可审计性和可控性。

1.2.5　智能家电系统

1. 简介

智能家电系统是对电器进行智能控制与管理的系统。传统的电器都是以个体形式存在，没有系统的管理与控制。而智能家电控制系统，就像一张无形的网络，把所有电器以一定的结构有机地组合起来，形成一个管理系统。通过这个管理系统，用户可以对家电进行集中、遥控、定时、远程控制，甚至用计算机来管理家电，从而达到节能、环保、舒适、方便的目标。以下介绍智能家电系统涉及的主要内容。

(1) 自动控制，包括电话、网络、远程控制/报警等消费电子产品的自动控制。例如，可以自动控制加热时间、加热温度的微波炉，可以自动调节温度、湿度的智能空调，可以根据指令自动搜索电视节目并摄录的电视机/录像机，等等。

(2) 交互式智能控制，可以通过语音识别技术实现智能家电的声控功能，也可以通过各种主动式传感器(如温度、声音、动作等)实现智能家电的主动性动作响应。用户还可以自己定义不同场景实现智能家电的不同响应。

(3) 安防控制，包括门禁系统，火灾自动报警系统，煤气泄漏、漏电、漏水报警系统等。健康医疗安全监控，包括健康设备监控、远程诊疗、老人/患者异常监护等。

智能控制技术、信息技术的飞速发展也为家电自动化和智能化提供了可能。智能家电具有自动监测自身故障、自动测量、自动控制、自动调节与远程控制中心通信功能的家电设备。

2. 优点

(1) 网络化功能。各种智能家电可以通过家庭局域网连接到一起，也可以通过家庭网关接口同制造商的服务站点相连，还可以同互联网相连，实现信息的共享。

(2) 智能化。智能家电可以根据周围环境的不同自动做出响应，不需要人为干预。例如，智能空调可以根据不同的季节、气候及用户所在地域，自动调整其工作状态以达到好的效果。

(3) 开放性、兼容性。智能家电系统可以集成、控制和管理来自不同厂商的智能家电，具备开放性和兼容性。

(4) 节能化。智能家电可以根据周围环境自动调整工作时间、工作状态，从而实现节能。

(5) 易用性。由于复杂的控制操作流程已由内嵌在智能家电中的控制器解决，因此用户只需了解非常简单的操作。

1.2.6　环境监测

现实的恶劣环境如偏远山区、海洋、有毒物质覆盖区域，人类往往无法涉足。CPS 网络可以承担在恶劣环境中采集数据、上传及反馈信息的任务。ORNL(Oak Ridge National Lab)设计的能够侦查、识别和追踪化学以及放射性物质的 DITSCN 网络(胡雅菲等, 2010)，能够侦查放射性物质的存在并且识别放射源、跟踪放射速度，未来可应用到高速公路及一些重要设施旁用于低水平的放射性物质侦测。

1.2.7　智能建筑

在世界各地，民用基础设施的恶化是一个日益严重的问题(Hackmann et al., 2014)。例如，桥梁在使用过程中，会面临环境腐蚀、持续的交通和风荷载、极端地震事件、材料老化等问题，不可避免地会导致结构缺陷。由于需要对有线传感器基础设施进行改造，这些结构中的大多数目前没有得到持续监测。

近年来，基于无线传感器网络的结构健康监测(Structural Health Monitoring, SHM)因其安装和维护费用较低而受到越来越多的关注。无线传感器网络允许在现有结构上密集部署测量点，从而在不安装固定有线基础设施的情况下，促进准确和容错的损伤识别技术。

1.3　CPS 体系结构和相关技术

1.3.1　CPS 体系结构

1. 传统三层体系结构

如图 1-7 所示，传统信息物理融合系统主要分为 3 个部分，分别是物理层(又称感知层)、网络层和应用层(又称控制层)。

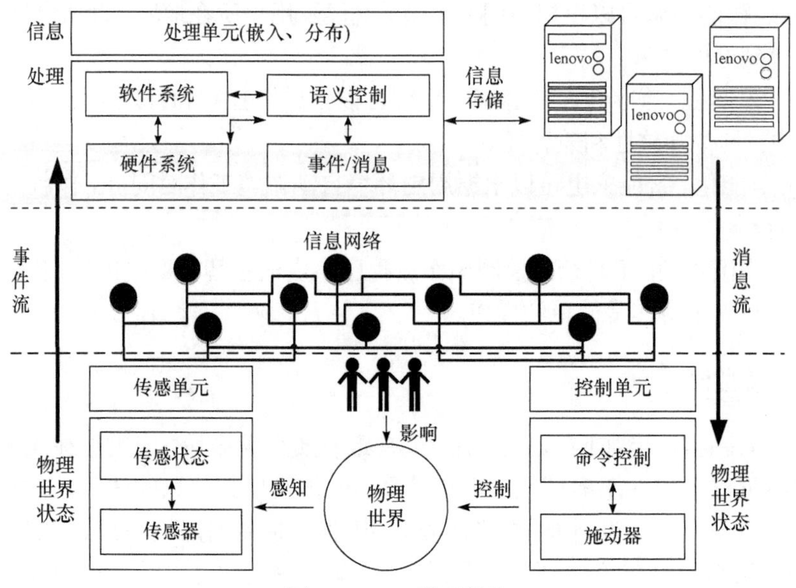

图 1-7　CPS 体系结构

1) 物理层

物理层主要由传感器、控制器和采集器等设备组成。物理层的这些传感器作为信息物理融合系统中的末端设备，主要采集的是环境中的具体信息。物理层通过传感器获取环境的信息数据，并定时地发送给服务器，服务器接收到数据之后进行相应的处理，再返回给物理末端设备相应的信息，物理末端设备接收到数据之后要进行相应的变化。

物理层需要考虑传感器网络的安全。物理层的节点计算、存储能力较弱，无法使用复杂的加密算法，因此需要设计轻量级的密码算法和协议。为了防止节点被控制、窃取或篡改，需要进行节点的身份认证和数据完整性验证。通过扩展频谱、消息优先级等安全手段防范感知层的频率干扰。利用入侵检测和入侵恢复机制作为被动攻击的安全对策，提高系统的鲁棒性。

2) 网络层

网络层是连接信息世界和物理世界的桥梁，主要实现的是数据传输，为系统提供实时的网络服务，保证网络分组的实时可靠。

网络层由大量的异构网络组成，不同的网络抵御安全威胁的方法不同，因此在设计网络层的安全结构时需要考虑网络层的兼容性与一致性。网络层的安全任务包括网络层身份认证、网络资源的访问控制、数据传输的保密与完整性、远程接入的安全、路由系统的安全等。网络层的安全结构有两层：点对点安全子层和端对端安全子层。其中，点对点安全子层保证数据在逐跳传输过程中的安全性，对应的安全机制包括节点间的相互认证、逐跳加密、跨网认证等。端对端安全子层主要实现端到端的机密性并保护网络可用性。对应的安全机制包括端到端的认证和密钥协商、密钥管理和密码算法选取、拒绝服务和分布式拒绝服务攻击的检测与防御、分级体系结构、广播半径限制、端口拦截等。

3) 应用层

应用层主要是根据物理设备传回来的数据进行相应的分析，将相应的结果发送至客户端以可视化的界面呈现给客户，将相应的控制指令反馈至物理设备以实现相应的控制。

应用层的服务因 CPS 的应用领域不同而不同，相应的安全需求也有所不同，因此需要根据具体的应用提供针对性的安全服务。总的来说，保护用户隐私是最普遍的安全服务，例如，在医疗系统中，需要保护患者的个人隐私，患者的个人信息和病历的内容需要进行分离，防止用户隐私被外人窃取。 另外，未授权访问是被禁止的，可以通过计算机取证的安全对策来确保这一点。应用控制层的安全对策主要有差异化的数据库安全服务、用户隐私保护机制、访问控制、安全软件、补丁、升级系统等。

2. 不同视角体系架构

下面以医疗信息物理融合系统为例进行不同视角体系结构的划分。

1) 功能和行为视角架构

实现对数据的采集、传输、分析、处理、存储、访问是 MCPS 领域的关键任务。依据功能及任务侧重点不同，MCPS 可划分为以下两类体系结构：①传输型体系结构，该体系结构侧重关注数据的有效传输，特别是如何保障跨通信技术领域数据的有效传输问题。典型的该类体系结构如基于 IPv6 的社区医疗物联网体系结构(Liu et al., 2018)、基于边缘计算的智慧医疗系统架构(Abdellatif et al., 2019)。②数据处理型体系结构，该体系结构侧重于数据分析与处理，特别是如何实现海量医疗感知大数据的有效聚合、转换、过滤、挖掘并提供决策依据。典型的该类体系结构如基于大数据分析的智慧健康监控管理系统架构(Din and Paul, 2018)、基于设备人工智能的 MCPS 架构(Mowla et al., 2018a)。

2) 层次和结构视角架构

基于大数据分析的智慧健康监控管理系统架构(Din and Paul, 2018)分为三个层次：①能量收集和数据生成层，人体不同动作和手势都能产生不同类型的压力区域，通过在不同压力区域安装压电器件，可产生电能并提供给植入人体的可穿戴健康监测传感器，在微控制器和通信技术协助下，传感器采集的数据存储在嵌入于传感节点的存储器中；②数据预处理层，其包含数据聚合、数据转换和数据过滤三个方面；③数据处理与应用层，负责数据整体处理与决策，该层包括队列、Hadoop 服务器、存储、规则引擎，以及决策和事件管理部门。

OmniPHR 区块链架构模型(Roehrs et al., 2019)包含两个层次，①客户端层，安装在医疗设备及患者可穿戴式设备中；②服务器层，分布在基于区块链技术平台上的超级对等体中。这种体系结构是通过一个专用的 P2P 网络形成的，在该网络中，健康记录被组织成数据块，并形成链接列表和分布式分类的健康数据。

传统 MCPS 架构(Mowla et al., 2018b)分为四个层次，①采集层，基于各类传感设备进行人体健康数据的采集；②预处理层，临时存储并处理采集层数据；③云层，提供大规模数据处理与计算服务；④行为层，提供医护人员健康数据可视化服务，实现分析决策。

基于设备人工智能的 MCPS 架构(Mowla et al., 2018a)与传统 MCPS 架构层次结构相同，但不同之处在于其架构预处理层不仅用于数据临时存储与处理，而且能够对设备执行认知决策。

基于区块链的 e-health 架构(Casado -Vara et al., 2019)分别为：①WSN 层，基于 WSN 节点进行数据采集并发送至区块链；②侧链层，该层主要为 WSN 控制器，一旦所有数据都进入侧链，智能合约就被验证，然后侧链就被添加到主链（即区块链）中；③智能合约层，在这一层中，执行智能合约来创建侧链，验证侧链，最后在智能合约验证后将侧链插入区块链；④区块链层，该层即访问受限的公共区块链。

基于边缘计算的智慧医疗系统架构(Abdellatif et al., 2019)包含以下主要组件：①混合传感源，连接/靠近患者的传感设备组合代表一组数据源；②患者数据聚合器(PDA)，通常，无线体域网由多个测量不同生命体征的传感器节点和一个患者数据聚合器组成，PDA 作为通信枢纽，部署在患者附近，将收集到的医疗数据传输到基础设施；③移动/基础设施边缘节点(MEN)，实现数据源和云之间的中间处理和存储功能，融合不同来源的医疗和非医疗数据，对收集的数据进行网络处理、分类和紧急通知，提取感兴趣的信息，并将处理后的数据或提取的信息转发到云端；④边缘云，用于数据存储、模式监测、人体健康数据分析与管理，边缘云可以指代一个医院，其监视和记录患者的状态，同时在需要时提供所需的医疗救助；⑤监测和服务提供商，可以是医生、智能救护车，甚至是患者亲属，为患者提供预防、治疗、紧急或康复医疗服务。

基于完全同态加密的智慧医疗框架(Alabdulatif et al., 2019)依赖于不同的实体相互作用来实现特定的分析任务，数据聚合、存储和处理均包含分析任务，且均以隐私保护的方式进行，其包含以下主要组件：①社区成员(CM)，包括智慧社区内的健康人群、老年患者和住院患者，有线/无线传感器用于聚合来自 CM 的生物信号数据，加密后发送至云端存储；②物联网网关，用于在社区内进行医疗数据本地分析处理并进行局部诊断反馈，而后将加密数据发送到云存储，以便结合其他通信数据进一步分析；③云数据库(CD)，基于云存储技术，以加密形式存储来自智慧社区的 CM 健康数据；④异常检测模型(ADM)，用于对加密数据进行数据分析的系统分析引擎。

3) 通信视角架构

依据通信方式不同，MCPS 通信架构模型(Roehrs et al., 2017)一般划分为以下五种：①CS(客户机-服务器)，其中“客户机进程与潜在独立主机中的单个服务器进程交互，以访问其管理的共享资源”；②P2P，其中“所有涉及的进程都扮演类似的角色”，作为对等机进行交互，而不区分客户端和服务器；③DO(分布式对象)，其中“每个进程包含一组对象，其中一些对象可以同时接受本地和远程调用，而其他对象只能接受本地调用”；④DC(分布式组件)，其中“应用服务器提供支持应用程序逻辑和数据存储之间分离的结构”；⑤DE(基于事件的分布式服务)，其中“间接通信的本质是通过中介进行通信，因此发送方和一个或多个接收方之间没有直接耦合”。

4) 部署视角架构

从部署视角建立的 MCPS 功能架构划分为集中式体系结构、分布式体系结构和混合式体系结构。其中集中式体系结构中计算机性能需要有显著的层次划分，网络中大部分的信息处理、数据服务请求在集中管理的高性能计算机设备上进行。分布式体系结构并不要求必须具备特殊高性能的计算机设备，但处于同一层级进行通信的节点需具备相同或相近的计算性能，且网络中信息处理任务大多数是在网络通信过程中的通信枢纽节点(如路由器、网关)进行。混合式体系结构同时具备集中式体系结构与分布式体系结构特性，其要求网络中存在高性能节点的通信，同时，通信枢纽节点同样承担着相当一部分的数据处理任务。

5) 需求视角架构

以不同基础技术构建的 MCPS 体系结构在应用领域、网络性能、系统安全等方面存在显著的不同。应用于 MCPS 体系结构的关键技术典型包括区块链、路由覆盖、Chord 算法、发布/订阅服务、IPv6、云计算、数据加密等等。通常而言，MCPS 体系结构中包含多种基础技术，依据对基础技术的侧重性不同，可将 MCPS 体系结构划分为安全可靠型体系结构与高性能型体系结构。其中安全可靠型体系结构强调了网络通信安全与系统安全，其处理的数据敏感性高，对隐私保密性有着很高的要求，但通常其网络通信效率、系统实时性等指标相对较低。高性能型体系架构则更加强调网络通信效率与系统实时性，高效性是这类体系结构所考虑的第一要务。

1.3.2 CPS 相关技术

1. 建模与验证方法

1) CPS 建模方法

信息物理融合系统(CPS)组成复杂, 包括各类物理实体、感知执行设备、通信网络和计算机软硬件设备, 同时具备并发性、实时性、自治性、异构性等特点(Liu et al., 2017)。由于融合了各种复杂因子, 直接进行 CPS 的研究与开发非常困难。系统建模是 CPS 研究过程中的一项核心工作, 模型的构建实现了对系统中各类实体的抽象和简化, 提取出系统的不同层次的视图, 并逐步地扩充细节功能, 通过不断的迭代和求精, 实现系统模型的精准化, 从而捕捉系统的本质, 完成严格的仿真。CPS 建模方法可包括基于函数及方程的 CPS 建模方法、面向对象与面向角色的 CPS 建模方法、基于组件的 CPS 建模方法、分层与协同的 CPS 建模方法(刘超, 2019)。

(1) 基于函数及方程的 CPS 建模方法。

基于函数及方程的 CPS 建模方法即通过数学方程系统来描述系统行为, 这类方法对于连续系统的建模尤为适用。

(2) 面向对象与面向角色的 CPS 建模方法。

一般而言, 软件系统通用编程语言采用面向对象方式实现, 但面向对象的思想同样可以用于建模语言。然而, 对于复杂的模型而言, 采用面向对象的方式构建系统模型时往往存在一定的局限性。相较于面向对象方式, 面向角色方式做了进一步的改进, 其实现了数据传送与传送控制的分离, 因而, 更加适用于混合异构、动态并发的复杂模型。

(3) 基于组件的 CPS 建模方法。

组件技术是一种新型的系统开发方法, 其依据系统结构及功能, 将复杂系统划分为一个个独立的模块, 各个模块可具备层次结构, 且模块之间具有统一的连接标准。对用户而言, 无需了解各个模块功能实现的细节, 仅需了解模块的功能及所提供的连接标准, 即可快速进行模型的构建, 并实现模型的仿真与验证。

(4) 分层与协同的 CPS 建模方法。

分层和协同建模是解决复杂 CPS 问题最为有效的方法。分层是指通过紧密结合 CPS 工作的内部运行环境和外部物理环境等要素, 将复杂系统依据结构功能进行层次划分。协同是指不同模型的子组件之间相互协作, 共同完成某一目标的过程。

2) CPS 验证方法

CPS 验证通常使用混合系统的验证方法。形式化方法被看作在设计和验证 CPS 上是一个有用的方法。它避免了仿真方法的主要缺陷——不能保证设计的正确性, CPS 的验证方法是用于解决系统设计时的正确性问题的方法。换句话说, 验证就是确认设计的系统已经完全实现了设计者的意图。

迄今的验证方法可分为模拟、仿真和形式化验证三种。模拟验证是传统的验证方法, 而且目前仍然是主流的验证方法。模拟验证将激励信号施加于设计, 进行计算并观察输出结果, 判断该结果是否与预期一致。模拟验证的主要缺点是非完备性, 即只能证明有错而不能证明无错。因此, 模拟验证一般适用于在验证初期发现大量和明显的设计错误, 而难以胜任复杂和微妙的错误。模拟验证还严重依赖于测试向量的选取, 而合理充分地选取测试向量, 达到高覆盖率是一个十分艰巨的课题。由于设计者不能预测所有错误的可能模式, 尚未发现某个最好的覆盖率度量。即使选定了某个覆盖率度量, 验证时间也是一个瓶颈。

仿真验证在原理上和模拟验证类似, 只是将模拟验证的三个主要部分即激励生成、监视器和覆盖率度量集成起来, 构成测试基准(Testbench), 用于现场可编程门阵列(Field Programmable Gate Array, FPGA)实现。仿真验证比模拟验证的验证速度快得多, 其缺点是代价昂贵, 灵活性差。

形式化验证试图去证明系统的某些属性在所有的关联操作中是保持不变的。形式化验证是建立在严格的数学基础上、具有精确数学语义的开发方法; 是软件系统开发过程中分析、设计和实现的系统工程方法; 能够以清晰、精确、抽象、简明的规范来验证软件系统, 极大地提高软件系统的安全性和可靠性。形式化验证技术目前有两类, 分别是定理证明和模型验证。

2. 标识与传感技术

CPS 中节点的唯一标识是节点安全接入认证及节点之间有效通信的必要条件。节点标识与节点网络地址存在本质的差别, 节点网络地址可能会随着网络地址分配策略或网络位置的变化而变化, 但节点标识应始终保持不变。如何保证 CPS 中节点在全局网络范围内的唯一标识, 从而实现节点安全接入认证及各节点之间的有效通信, 是 CPS 研究领域不可回避的问题。

标识分为标签型标识、MAC 地址型标识和 IPv6 地址融合型标识。

1) 标签型标识

在传统物联网领域, 存在多种技术可用于物体的唯一标识, 例如, 条形码(Bar Code)、电子产品代码(Electronic Product Code, EPC)、矩阵二维码(Quick Response Code, QR)、射频识别标签等等, 这些技术可归纳为标签型标识技术。

条形码是用以表达一组信息的图形标识符, 由一组规则排列的条、空及其对应字符组成。其广泛应用于商业、邮政、图书管理、仓库、交通运输、包装配送等领域, 在医学领域, 其同样也发挥了重要作用。

EPC 是与条形码相对应的射频技术代码。EPC 由一系列数字组成, 能够辨别具体对象的生产者、产品、定义、序列号等，它除了具有全球标准代码能辨别物体的功能外，还可以通过 EPC 网络提供关于产品的附加信息。

RFID 即无线射频识别技术，也称为电子标签技术，它是利用射频信号通过空间耦合实现无接触信息传递并通过所传递的信息达到识别目的的技术。EPC 与 RFID 两者存在关联，RFID 标签是 EPC 的载体，EPC 只有存储在 RFID 芯片里才可以被识别。

相比传统的条形码而言，QR 能够存储更多的信息，也能表示更多的数据类型。 QR 使用若干个与二进制项对应的几何形体来表示文字数值信息，并通过输入设备或光电扫描设备自动识别以实现信息自动处理。

尽管标签型标识技术已十分成熟并且应用广泛，但这些技术都需要在对象特定的距离内有相应的读取器，以便读取对象的标识。因此，这些技术仍难以对接入网络中的节点进行唯一标识的验证。

2) MAC 地址型标识

在传统计算机网络与无线传感器网络中，通常采用节点的 MAC 地址作为节点在其特定网络中的全局唯一标识。如在以太网中，以太网卡 MAC 地址可作为主机在其网络范围内的唯一标识；在 ZigBee 网络中，ZigBee 无线模块 MAC 地址可作为 ZigBee 节点在其网络范围内的唯一标识。

然而，对于具有混合异构特性的 CPS 而言，MAC 地址难以直接作为节点全局通信的唯一标识。在 CPS 中，节点类型多样、通信类型不一，由此导致异元网络普遍存在，异网通信场景不可避免。由于通信技术的不同，不同类型节点 MAC 地址格式也存在差异，如基于 802.15.4 标准的 ZigBee、WirelessHART 节点，采用 64 位 MAC 地址；基于 802.15.1 标准的 BLE 节点和基于 802.11 标准的 WiFi 节点，采用 48 位 MAC 地址。同时，MAC 地址分配方式及地址字段含义标准不一，因此采用 MAC 地址的方式，难以保证融合多种无线通信技术的 CPS 中的节点在全局网络范围内的唯一标识。

3) IPv6 地址融合型标识

众所周知，IPv6 地址属于网络层地址，尽管其具备 128bit 的长度，具有海量的地址空间，但这并不意味着分配给网络中某一节点的 IPv6 地址一定是固定不变的，也并不意味着可以直接使用 IPv6 地址作为 CPS 中所有节点的唯一标识。但 IPv6 地址 64bit 的接口标识字段却为系统设计者提供了节点全局唯一标识设计的空间。在 CPS 中，可以采用一种统一形式的接口标识生成方案，所生成的接口标识既可以作为 IPv6 地址的一部分，同时，又可作为节点在全局范围内的唯一标识，其理论上最大可以标识 2^{64} 个节点，这依旧是一个十分庞大的数量级，足以支持全球范围内 CPS 节点的唯一标识。这种方案称为 IPv6 地址融合型标识。

IPv6 地址融合型标识不仅能够有效实现 CPS 节点全局唯一标识，还实现了在数据通信过程中无需因为节点标识的传输而增加网络报文开销。由于节点标识直接存在于网络报文的源、目的地址字段，对于网络发送方或接收方而言，对网络通信另一方节点身份的验证，仅需从网络报文源地址或目的地址之中提取节点标识进行验证即可。

3. 通信技术

1) 无线通信技术

在新兴的 CPS 领域，各种感知设备数量与日俱增，且为满足实时性需求，网络中必将存在大量的网络通信数据，单一的无线通信技术限制了 CPS 的灵活性，融合多种无线通信技术是 CPS 发展的大势所趋，不同通信技术在 CPS 特定的应用场合发挥其特有的优势，如基于 ZigBee 技术进行传感器所采集的人体健康数据的传输、基于 RFID 技术进行药品的识别与信息处理、基于低功耗蓝牙(BLE)技术实现掌上电脑及手机等移动终端设备信息的传输。以下重点介绍 CPS 中常见的 IEEE 802.15.4 技术和 BLE 技术。

(1) IEEE 802.15.4 是由 IEEE 802.15 工作组 TG4 任务组针对低速无线个人局域网(Low Rate-Wireless Personal Area Network, LR-WPAN)制定的通信标准。基于该标准的网络具有低速率、短距离、低功耗、低成本的特点(Kushalnagar et al., 2007)，就 MAC 帧而言，其最大帧长度为 127B，除去最大帧头 25B，其帧载荷长度最大为 102B，若考虑链路层安全，采用 AES-CCM-128 加密传输，则需继续添加 21B 的 MAC 安全头，最终仅剩余 81B 可用于上层数据的传输。

IEEE 802.15.4 协议 MAC 层分为 MAC 命令帧、确认帧、数据帧和信标帧四种类型，各类帧的结构如图 1-8 所示。其中信标帧由协调器生成并按特定的时间间隔发送至所有可达的网络节点，在信标帧的控制下，网络节点均能够确定共同的工作时间和休眠时间，使得协调器和路由器无需长期保持运行状态，从而有效地降低了功耗，延长了网络的生命周期。数据帧用于设备的应用数据传输，在社区医疗物联网中，数据帧主要用于医疗感知数据及控制数据的传输。确认帧由接收设备在接收到正确帧信息后发送，使得通信双方能够确定报文是否被正确传输或接收，从而保证了通信的可靠性。MAC 命令帧用于向网络中的设备发送控制命令，一般由发送端应用层进行命令数据的生成，并由其 MAC 层根据命令数据的类型封装成相应的 MAC 命令帧。

IEEE 802.15.4 是物联网无线通信技术中最为常用的底层协议标准。ZigBee、WirelessHART、ISA-100、WIA-PA 等多种无线传感器网络通信技术以及后续介绍的 6LoWPAN 技术均基于该标准研究制定。

(2) 低功耗蓝牙(BLE)是一种具备低功耗、低成本、低时延特点(王剑锋等, 2013)的无线通信技术，并广泛集成在智能手机和众多其他移动设备上，因而在无

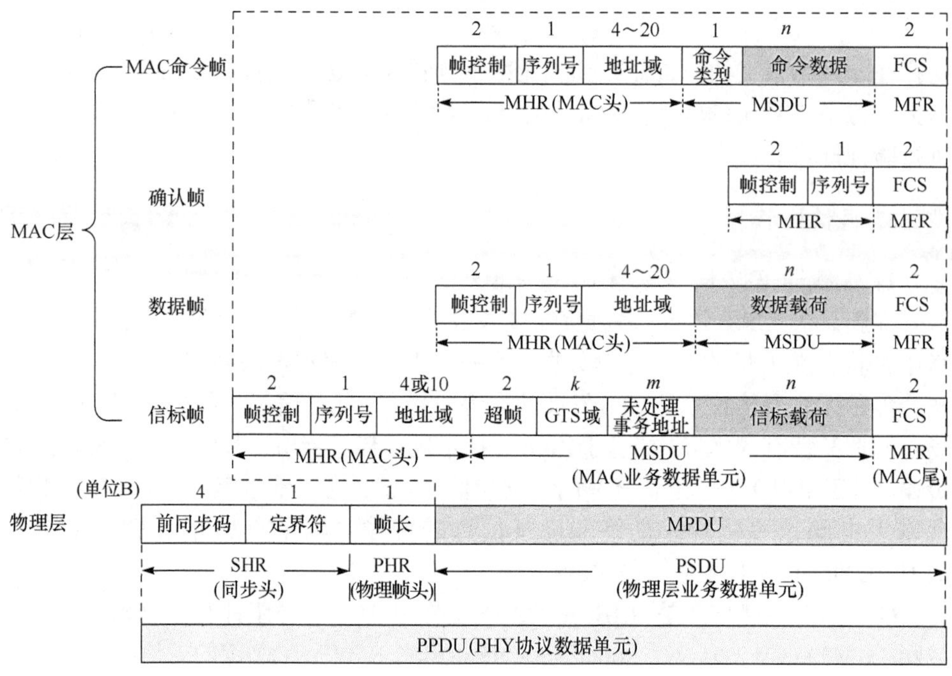

图 1-8　IEEE 802.15.4 帧结构

线个人局域网(WPAN)环境下，相比于其他通信技术具备较大的优势。基于 BLE 技术，智能手机可以充当网关设备，收集来自各类传感节点、智能终端所传送的数据，而后通过 4G 或 WiFi 技术将数据传输至互联网。此外，为实现 BLE 支持 IPv6，2014 年蓝牙技术联盟(Bluetooth SIG)发布了蓝牙 4.2 版本，通过互联网协议支持配置文件(IPSP)允许 BLE 传感设备基于 6LoWPAN 技术直接访问互联网，从而保证了可以利用现有的 IP 基础设施来管理 BLE 边缘设备。2015 年 6Lo 工作组发布使用基于 IPv6 的 BLE 技术定义简单星形网络或点对点网络标准(Nieminen et al., 2015)。

BLE 规范(Collotta et al., 2018)中定义了广播报文和数据报文。广播报文通常由主设备发出，用于发现网络中存在的蓝牙从设备并与从设备进行连接，在数据传输通路建立后，则使用数据报文传输应用数据。广播报文或数据报文的判断可依据报文传输所在的信道，BLE 规定了 3 个广播信道和 37 个数据信道，不同类型的报文传输于不同信道。BLE 广播报文及数据报文结构如图 1-9 所示。

BLE 报文结构中接入地址用于指明接收者身份，接入地址包括广播接入地址和数据接入地址两类。其中广播接入地址表示发送给网络范围内的所有设备，若进行设备之间一对一通信，则需生成一个满足一定要求的随机接入地址用于标识通信设备之间的连接。

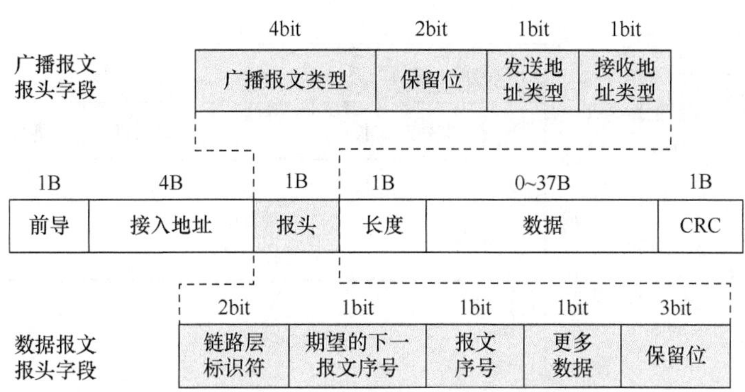

图 1-9　BLE 广播报文及数据报文结构

广播报头和数据报头中报头字段的结构内容不同。若为广播报文，报头字段由广播报文类型、保留位、发送地址类型、接收地址类型等四个字段构成；若为数据报文，则报头字段由链路层标识符、期望的下一报文序号、报文序号、更多数据、保留位等五个字段构成。

2) IPv6 技术

CPS 体系结构中的网络层通信技术基于 IPv6，IPv6 拥有庞大的地址空间，可满足部署大规模、高密度传感器网络的需求，除此之外，还具备以下优势(崔勇和吴建平，2014)：①简化了网络地址分配，地址分配方式更为简单高效；②采用路径 MTU(Maximum Transmission Unit，最大传输单元)发现机制，在报文传输前事先在源节点上确定适当的分组长度，使得路由器无需对其所转发的分组进行分片处理，从而提高了路由器的工作效率；③考虑到网络传输质量问题，在 IPv6 基本报头中设置流标签(Flow Label)字段，为特定服务提供了网络质量的保障；④严格实行互联网安全协议 IPSec，具备更高的网络安全性能；⑤IPv6 简化了 IPv4 的报头选项，通过去除冗余字段或将部分字段转移至扩展报头，实现了 IPv6 报头结构的优化；⑥内置移动性支持，确保 IPv6 节点可以有效地满足移动性需求。

(1) IPv6 报文结构。

IPv6 数据报由 IPv6 报头(包括基本报头和扩展报头)和负载数据组成，其中扩展报头和负载数据称为有效载荷。IPv6 报头不再设置校验和字段，同时将 IPv4 报头中的选项功能放在可选的扩展报头中。IPv6 报文结构如图 1-10 所示。

每一个 IPv6 数据报必须有 IPv6 基本报头，它包含寻址和控制信息，这些信息用于数据报的管理和路由选择。IPv6 基本报头字段仅包含 8 个字段，且长度固定为 40B。相比 IPv4 报头，IPv6 报头具有更少的字段以及固定的长度，有助于提高网络设备对 IPv6 报文的处理效率，从而保障整个网络具备更佳的通信性能。

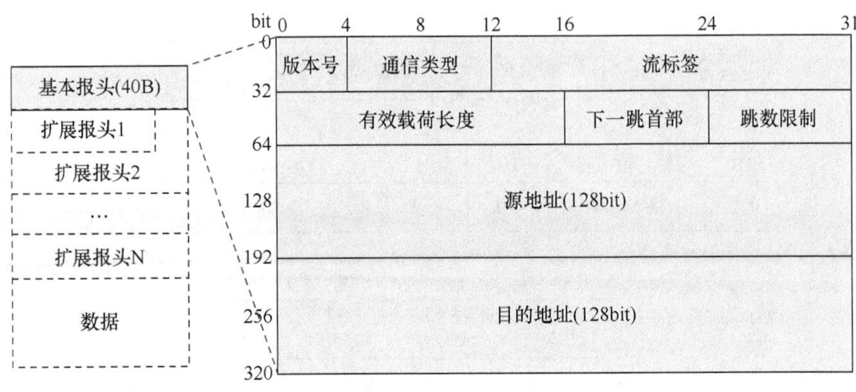

图 1-10　IPv6 报文结构

(2) IPv6 地址类型。

IPv6 地址类型分为单播(Unicast)地址、组播/多播(Multicast)地址、任意播(Anycast)地址三种。在 IPv6 单播地址中，地址类型又进一步划分为多种类型，其中可聚合全球单播地址等同于 IPv4 公网地址，该类地址通过路由前缀的聚合，提高了网络节点路由查表的效率。目前，实际用于 IPv6 因特网中的可聚合全球单播地址前缀为 2001::/16，其地址结构一般由三部分组成(Narten et al., 2011)，如图 1-11 所示。

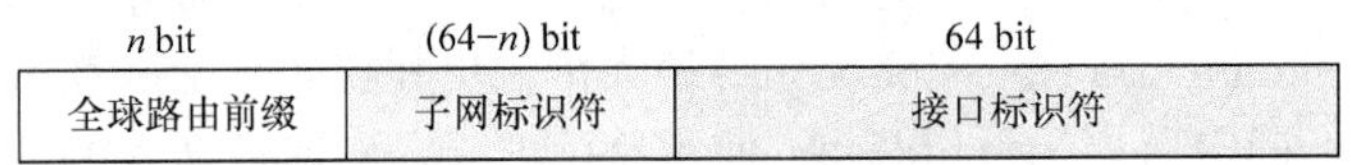

图 1-11　可聚合全球单播地址

全球路由前缀：通常由 ISP(Internet Service Provider，互联网服务提供商)分配给组织机构的前缀不低于 48 位。

子网标识符：由组织机构自行划分子网。

接口标识符：64 位接口标识符可采用多种生成方式，如基于 EUI-64 生成方式(Gont et al., 2017)、基于隐私保护策略的生成方式(Bagnulo and Arkko, 2007)、随机生成方式(Narten et al., 2007)或基于 DHCPv6 有状态分配方式(Troan et al., 2015)。

组播地址的前缀为 FF00::/8，组播通过减少节点间通信的数据包数量，提高网络通信效率。任意播地址是 IP 中的新引入的一种地址类型，任意播表示发往本组的任何一个成员。一般而言，任意播将发送至同组中距离最近的成员，以提高通信效率。IP 中并未给任意播设置特定的地址方案，其地址与单播地址相同，通常而言，分配给多个接口的单播地址即一个任意播地址。

3) 6LoWPAN 技术

6LoWPAN 技术(刘光迪，2014；Shelby and Bormann, 2015)研究目标是基于 IEEE 802.15.4 的 MAC 层传送 IPv6 报文，由于 IPv6 规定最小 MTU 为 1280B，而

802.15.4 的协议帧规定不超过 127B，因此，6LoWPAN 技术在 IEEE 802.15.4 的 MAC 层与 IPv6 层之间设计了适配层。适配层具有路由选择、报头压缩、组播支持等功能，各类功能的实现需通过在适配层选用不同类型的 LoWPAN 报头。LoWPAN 报头类型包括网状寻址报头、广播报头、分片报头、压缩消息报头等等，LoWPAN 报头由分派值和报头域构成，分派值长度固定为 8bit，分派值及对应的报头类型如表 1-1 所示。

表 1-1　LoWPAN 报头类型

分派值	报头类型
00000000～**00**111111	NALP，非 LoWPAN 帧
01 000001	IPv6 消息，非压缩 IPv6 报头
01 000010	LoWPAN_HC1, LoWPAN_HC1 压缩的 IPv6 报头
01 010000	LoWPAN_BC0, LoWPAN_BC0 广播
01 100000～**01** 111111	LoWPAN_IPHC, LoWPAN_IPHC 压缩的 IPv6 报头
01111111	ESC，附加消息字段
10000000～**10** 111111	MESH，网状报头
11 000000～**11** 000111	FRAG1，分片报头(第一个)
11 100000～**11** 100111	FRAGN，分片报头(后续)
其他	保留

当一个 LoWPAN 报文中存在多个 LoWPAN 报头时，则以堆栈的形式出现，如一个需要进行网状寻址、分片及报头压缩的 IPv6 报文，其 LoWPAN 封装格式如图 1-12 所示。

网状类型	网状报头	分片类型	分片报头	HC 1/IPHC消息	HC 1/IPHC报头	载荷

图 1-12　一种 LoWPAN 报文封装格式

4. 嵌入式计算

1) 定义

嵌入式系统(Embedded System)，是一种“完全嵌入受控器件内部，为特定应用而设计的专用计算机系统”，根据英国电气工程师协会(U.K. Institution of Electrical Engineer)的定义，嵌入式系统为控制、监视或辅助设备、机器或用于工厂运作的系统。国内普遍认同的嵌入式系统定义为：以应用为中心，以计算机技术为基础，软硬件可裁剪，适应应用系统对功能、可靠性、成本、体积、功耗等严格要求的专用计算机系统。通常，嵌入式系统是一个控制程序存储在 ROM 中的嵌入式处理器控制板。事实上，所有带有数字接口的设备，如手表、微波炉、录像机、汽车等，都使用嵌入式系统，有些嵌入式系统还包含操作系统，但大多数嵌入式系统都是由单个程序实现整个控制逻辑的。

2) 特征

(1) 系统内核小。由于嵌入式系统一般是应用于小型电子装置的，系统资源相对有限，所以内核较之传统的操作系统要小得多。

(2) 专用性强。嵌入式系统的个性化很强，其中的软件系统和硬件的结合非常紧密，一般要针对硬件进行系统的移植，即使在同一品牌、同一系列的产品中也需要根据系统硬件的变化和增减不断进行修改。同时针对不同的任务，往往需要对系统进行较大更改，程序的编译下载要和系统相结合，这种修改和通用软件的“升级”完全是两个概念。

(3) 系统精简。嵌入式系统一般没有系统软件和应用软件的明显区分，不要求其在功能设计及实现上过于复杂，这样一方面利于控制系统成本，另一方面也利于实现系统安全。

(4) 高实时性。高实时性的系统软件(OS)是嵌入式软件的基本要求。而且软件要求固态存储，以提高速度；软件代码要求高质量和高可靠性。

(5) 多任务。嵌入式软件开发要想走向标准化，就必须使用多任务的操作系统。嵌入式系统的应用程序可以没有操作系统直接在芯片上运行，但是为了合理地调度多任务，利用系统资源、系统函数以及和专家库函数接口，用户必须自行选配 RTOS (Real Time Operating System)开发平台，这样才能保证程序执行的实时性、可靠性，并减少开发时间，保障软件质量。

(6) 生命周期长。嵌入式系统与具体应用有机结合在一起，升级换代也同步进行。因此，嵌入式系统产品一旦进入市场，具有较长的生命周期。

3) 应用

嵌入式系统技术具有非常广阔的应用前景，其应用领域可以包括：工业控制、交通管理、信息家电、家庭智能管理、POS 网络、环境工程、国防与航天等。这些应用中，可以着重于控制方面的应用。就远程家电控制而言，除了开发出支持 TCP/IP 的嵌入式系统之外，家电产品控制协议也需要制定和统一，这需要家电生产厂家来做。同样的道理，所有基于网络的远程控制器件都需要与嵌入式系统之间建立通信接口，远程控制器件的控制指令通过网络进行传输，再由嵌入式系统接收指令并实现控制。所以，开发和探讨嵌入式系统有着十分重要的意义。

5. 可穿戴计算

可穿戴计算强调以用户与可穿戴设备交互的形式完成计算功能，其将计算当作一种服务，并嵌入到可穿戴设备中，进而形成了可穿戴计算机(Wearable Computer), 为人们提供普适的、移动的、实时的计算服务。可穿戴计算机一般要求体积小、便于携带且穿戴舒适，同时要求具有设备安全、电源可持续的特点。哈尔滨工业大学可穿戴计算机工程研究中心主任杨孝宗教授指出，从宽泛的概念来看，近年来人们所熟悉的 U 盘、PDA、MP3 和手机都是可穿戴计算机的一种(Mann, 1997)。它们实现了可穿戴计算机的部分功能, U 盘类似于可穿戴计算机的 CF 卡(Compact Flash)存储器的功能; PDA 就是一个小的掌上电脑; 而 MP3 已经具备了处理器与存储器，手机也是一个有处理能力的随身佩戴的计算机。

从大型机到台式机再到掌上电脑，科学家正在尽可能地缩短人机之间的距离，以最终实现“零距离”。哈尔滨工业大学可穿戴计算机工程中心的网络自组网的研究致力于解决可穿戴计算机的移动问题。可穿戴计算机的网络是随身走的，即使没有网络的地方也可以与其他人联系，传递必要的信息。普通台式机上网采用 TCP/IP 的固定式网络，必须有主干网，它的弊端在于网络中心故障会导致所有网上机器瘫痪。可穿戴计算机则不同，它不需要主干网，每台机器都是自己的中心网，出现问题可以自组网络。比如, 10 个身着可穿戴计算机的巡堤人员，可以将记录、拍摄到的语言、文字、图像传到指挥中心，中心下指示后可及时处理险情。而即使指挥中心坏掉了，也不会影响 10 个人之间的联络，他们可以再自行组网，形成一个“多跳网”，由 A 将信息传到 B，再由 B 传到 C，通过各机间的“跳”获得信息，而这种“跳”是在瞬间完成的，不会影响传递的速度。

可穿戴计算机起初被设计和应用到行为建模、健康中心检测系统(Health Care Monitoring Systems)、服务管理、移动电话、智能手机、智能手表、电子纺织品、时尚设计等等。目前，可穿戴计算仍然是活跃的研究主题，涉及用户界面设计、虚拟现实、模式识别等等。利用可穿戴计算技术来辅助残疾人和帮助老年人的应用正在稳步增长。

6. 云计算

1) 定义

云计算(Cloud Computing)是分布式计算的一种，指的是通过网络“云”将巨大的数据计算处理程序分解成无数个小程序，然后通过多部服务器组成的系统进行处理和分析这些小程序得到结果并返回给用户。现阶段的云服务已经不单单是一种分布式计算，而是分布式计算、效用计算、负载均衡、并行计算、网络存储、热备份冗杂和虚拟化等计算机技术混合演进并跃升的结果。

2) 特点

云计算的可贵之处在于高灵活性、可扩展性和高性价比等，与传统的网络应用模式相比，其具有如下优势与特点。

(1) 虚拟化技术。

必须强调的是，虚拟化突破了时间、空间的界限，是云计算最为显著的特点，虚拟化技术包括应用虚拟和资源虚拟两种。众所周知，物理平台与应用部署的环境在空间上是没有任何联系的，正是通过虚拟平台对相应终端操作完成数据备份、迁移和扩展等。

(2) 动态可扩展。

云计算具有高效的运算能力，在原有服务器基础上增加云计算功能能够使计算速度迅速提高，最终实现动态扩展虚拟化的层次达到对应用进行扩展的目的。

(3) 按需部署。

计算机包含了许多应用、程序软件等，不同的应用对应的数据资源库不同，所以用户运行不同的应用需要较强的计算能力对资源进行部署，而云计算平台能够根据用户的需求快速配备计算能力及资源。

(4) 兼容性、可靠性、可扩展性高。

目前市场上大多数 IT 资源、软件、硬件都支持虚拟化，比如存储网络、操作系统和开发软、硬件等。虚拟化要素在于不同计算和存储资源可以统一放在云系统资源虚拟池当中进行管理，可见云计算的兼容性非常强，不仅可以兼容低配置机器、不同厂商的硬件产品，还能够接入外设获得更高性能计算。

倘若服务器故障，也不影响计算与应用的正常运行。因为单点服务器出现故障可以通过虚拟化技术将分布在不同物理服务器上面的应用进行恢复或利用动态扩展功能部署新的服务器进行计算。

用户可以利用应用软件的快速部署条件来更为简单快捷地将自身所需的已有业务以及新业务进行扩展。例如，计算机云计算系统中出现设备的故障，对于用户来说，无论是在计算机层面上，还是在具体运用上，均不会受到阻碍，可以利用计算机云计算具有的动态扩展功能来对其他服务器开展有效扩展。

(5) 性价比高。

将资源放在虚拟资源池中统一管理，在一定程度上优化了物理资源，用户不再需要昂贵、存储空间大的主机，可以选择相对廉价的 PC 组成云，一方面减少费用，另一方面计算性能不逊于大型主机。

3) 服务类型

通常，云计算的服务类型分为五类：基础设施即服务(IaaS)、平台即服务(PaaS)、软件即服务(SaaS)、后端即服务或区块链即服务(BaaS)以及函数即服务(FaaS)。这五种云计算服务有时称为云计算堆栈，因为它们所提供的服务位于彼此之上，构成堆栈形式。

(1) 基础设施即服务(Infrastructure as a Service, IaaS)。

IaaS 是主要的服务类别之一，它向云计算提供商的个人或组织提供虚拟化计算资源，如虚拟机、存储、网络和操作系统。

(2) 平台即服务(Platform as a Service, PaaS)。

PaaS 是一种服务类别，为开发人员提供通过全球互联网构建应用程序和服务的平台。PaaS 为开发、测试和管理软件应用程序提供按需开发环境。

(3) 软件即服务(Software as a Service, SaaS)。

SaaS 也是其服务的一类，通过互联网提供按需软件付费应用程序，云计算提供商托管和管理软件应用程序，并允许其用户连接到应用程序并通过全球互联网访问应用程序。

(4) 后端即服务或区块链即服务(Backend as a Service 或 Blockchain as a Service, BaaS)。

Backend as a Service 指服务商为客户(开发者)提供整合云后端的服务，如提供文件存储、数据存储、推送服务、身份验证服务等功能，以帮助开发者快速开发应用。Blockchain as a Service 构建于云基础之上，让用户在弹性、开放的云平台上能够快速构建自己的 IT 基础设施和区块链服务，使用 BaaS 可以极大降低实现区块链底层技术的成本，简化区块链构建和运维工作，同时面对各行业领域场景，满足用户个性化需求。

(5) 函数即服务(Function as a Service,FaaS)。

FaaS 指服务商提供一个平台，允许客户开发、运行和管理应用程序功能，而无需构建和维护与应用程序开发、运行相关的复杂基础架构。按照此模型构建应用程序是实现“无服务器”体系结构的一种方式，通常在构建微服务应用程序时使用。

还有很多其他 aaS，比如 DaaS (Data as a Service，数据即服务)、NaaS (Network as a Service，网络即服务) 等。

4) 应用

较为简单的云计算技术已经普遍应用于现如今的互联网服务中，最为常见的就是网络搜索引擎和网络邮箱。

公众最为熟悉的搜索引擎莫过于谷歌和百度了，在任何时刻，只要通过移动终端就可以在搜索引擎上搜索任何自己想要的资源，通过云端共享数据资源。而网络邮箱也是如此，在过去，寄发一封邮件是一件比较麻烦的事情，同时也是一个很慢的过程，而在云计算技术和网络技术的推动下，电子邮箱成为社会生活中的一部分，只要在网络环境下，就可以实现电子邮件的实时收发。

5) 类别

根据云计算服务的应用领域，可以划分为存储云、医疗云、金融云和教育云等类别。

(1) 存储云。

存储云，又称云存储，是在云计算技术上发展起来的一个新的存储技术。云存储是一个以数据存储和管理为核心的云计算系统。用户可以将本地的资源上传至云端，可以在任何地方连入互联网来获取云上的资源。公众所熟知的谷歌、微软等大型网络公司均有云存储的服务。在国内，百度云和微云则是市场占有量最大的存储云。

(2) 医疗云。

医疗云，是指在云计算、移动技术、多媒体、5G 通信、大数据以及物联网等新技术基础上，结合医疗技术，使用"云计算"来创建医疗健康服务云平台，实现医疗资源的共享和医疗范围的扩大。因为云计算技术的运用与结合，医疗云提高医疗机构的效率，方便居民就医。例如，现在医院的预约挂号、电子病历、医保等都是云计算与医疗领域结合的产物，医疗云还具有数据安全、信息共享、动态扩展、布局全国的优势。

(3) 金融云。

金融云，是指利用云计算的模型，将信息、金融和服务等功能分散到由分支机构所构成的互联网"云"中，旨在为银行、保险和基金等金融机构提供互联网处理和运行服务，同时共享互联网资源，从而解决现有的金融信息处理不及时、金融服务受限等问题，并且达到金融服务高效、低成本的目标。

(4) 教育云。

教育云，实质上是指教育信息化发展的一种产物。具体地，教育云可以将所需要的任何教育硬件资源虚拟化，然后将其接入互联网中，向教育机构的学生及老师提供一个方便快捷的平台。现在流行的慕课就是教育云的一种应用。

7. 安全与隐私保护技术

不管在任何时间和场所，隐私都是需要保护的。隐私保护是信息安全的一种，重点关注数据的机密性、完整性和可用性，其主要问题是系统是否提供隐私信息的匿名性。结合 CPS 传统三层体系结构，对物理层、网络层和应用层的安全防护进行探讨如下。

1) 物理层安全防护

物理层主要由各种物理传感器组成，因此物理层的安全主要涉及各个结点的物理安全(季承扬, 2018)。物理层的物理传感器一般放在无人的区域，缺少传统网络物理上的安全保障，节点容易受到攻击。因此，在这些基础节点设计的初级阶段就要充分考虑到各种应用环境以及攻击者的攻击手段，建立有效的容错机制，降低出错率。同时，对节点的身份进行一定的管理和保护，增加节点的身份认证和访问控制，确保未被授权的用户访问无法访问节点的数据，从而有效保障物理层的数据安全。

2) 网络层安全防护

在网络层中采取安全措施的目的就是保障信息物理系统通信过程中的安全，主要包括数据的完整性、数据在传输过程中不被恶意篡改，以及用户隐私不被泄露等。具体措施可以结合加密机制、路由机制等方面进行阐述。点对点加密机制可以在数据跳转的过程中保证数据的安全性，由于在该过程中每个节点都是传感器设备，获取的数据都是没有经过处理的数据，也就是直接的数据，这些数据被攻击者捕获之后立即能得到想要的结果，因此将每个节点上的数据进行加密，加密完成之后再进行传输可以降低被攻击者解析出来的概率。安全路由机制就是数据在互联网传输的过程中，路由器转发数据分组的时候如果遭遇攻击，路由器依旧能够进行正确的路由选择，能够在攻击者破坏路由表的情况下构建出新的路由表，做出正确的路由选择。信息物理系统针对传输过程中的各种安全威胁，应该设计出更安全的算法，建设更完善的安全路由机制。

3) 应用层安全防护

应用层是信息物理系统决策的核心部分，所有的数据都是传到应用层处理的，因此，必须要对应用层的数据安全性和隐私性进行保护。针对应用层的安全措施主要是加强不同应用场景的身份认证。在应用层中，用户角色可以分为系统管理员、高级管理员、普通管理员等，他们具有不同的管理权限。攻击者可以利用网络或系统漏洞，通过网络欺骗、服务器提权等攻击手段，对系统采取非法操作，因此，实现不同应用场景下的身份认证可以有效保障系统不受攻击者的侵害。

CPS 特有的安全技术有以下三种：

(1) 节点标识技术

节点标识技术包括身份标识、位置地址和交换标签三类标识体系。节点的身份标识由节点和其他网络组织关系决定；位置地址由节点在网络中的位置和网络的拓扑结构决定；而交换标签结构类似于异步传输模式中的虚路径/虚通道标识，为通信双方提供面向连接的服务。

(2) 安全控制技术。

CPS 将控制系统引入信息网络的同时也带来了新的安全问题，目前关于控制系统的研究尚未形成成熟的模型和策略。现有的研究主要集中在攻击行为模式分析和鲁棒网络控制系统构建两个方面。

(3) 隐私保护技术。

隐私保护也是 CPS 安全的一个重要问题。用户在享受 CPS 服务的同时也可能泄露自身的信息，CPS 的任务通常由多个节点协作完成，协作过程中节点的输出也可能造成隐私泄露。目前关于 CPS 隐私保护的研究集中于无线传感器网络视频隐私数据的加密，通过多媒体信息的隐藏、加密和多径传输，保障数据的机密性。目前隐私保护技术大体可分为两种技术路线：用户匿名和安全多方计算。

用户匿名是指利用数据变换、随机化等手段实现用户信息的隐藏。经典的算法是 k-匿名算法。安全多方计算是指各实体均以私有数据参与协作计算，当计算结束时，各方只能得到正确的最终结果，而不能得到他人的隐私数据。

8. 人机交互技术

1) 定义

人机交互技术(Human-Computer Interaction Techniques)是指通过计算机输入、输出设备，以有效的方式实现人与计算机对话的技术。人机交互技术包括机器通过输出或显示设备给人提供大量有关信息及提示请示等，以及人通过输入设备给机器输入有关信息、回答问题及提示请示等。人机交互技术是计算机用户界面设计中的重要内容之一。

2) 特点

与传统用户界面相比，引入视频和音频之后的多媒体用户界面是一个与时间有关的时变媒体界面。在时变媒体的用户界面中，所有选项和文件必须顺序呈现。人机交互可以说是 VR 系统的核心，因而，VR 系统中人机交互的特点是所有软、硬件设计的基础。其特点如下:

(1) 观察点(Viewpoint) 是用户做观察的起点;

(2) 导航(Navigation) 是指用户改变观察点的能力;

(3) 操作(Manipulation)是指用户对其周围对象起作用的能力;

(4) 临境(Immersion)是指用户身临其境的感觉，这在 VR 系统中越来越重要。

VR 系统中人机交互若要具备这些特点，就需要发展新的交互装置，其中包括三维空间定位装置、语言理解、视觉跟踪、头部跟踪和姿势识别等。

3) 应用

人机交互已经取得了不少研究成果，不少产品已经问世。侧重多媒体技术的有: 通过触摸式显示屏实现的“桌面”计算机，使用能够随意折叠的柔性显示屏制造的电子书，从电影院走进家庭客厅的 3D 显示器。侧重多通道技术的有: “汉王笔”手写汉字识别系统，输入设备为摄像机、图像采集卡的手势识别技术，以 iPhone 手机为代表的可支持更复杂的姿势识别的多触点式触摸屏技术。

人机交互技术领域的热点技术的应用潜力已经开始显现，比如应用于可穿戴式计算机、隐身技术、浸入式游戏等的动作识别技术，应用于虚拟现实、遥控机器人及远程医疗等的触觉交互技术等。

热点技术的应用开发是机遇也是挑战。基于视觉的手势识别率低、实时性差，需要研究各种算法来改善识别的精度和速度; 眼睛虹膜、掌纹、笔迹、步态、语音、唇读、人脸、DNA 等人类特征的研发应用也正受到关注; 多通道的整合也是人机交互的热点。另外，与“无所不在的计算”“云计算”等相关技术的融合也需要继续探索。

9. 区块链技术

1) 定义

区块链是结合分布式数据存储、点对点传输、共识机制、加密算法等计算机技术的新型应用模式。区块链(Block Chain)是比特币的一个重要概念，它本质上是一个去中心化的数据库，同时作为比特币的底层技术，是一串使用密码学方法相关联产生的数据块，每一个数据块中包含了一批次比特币网络交易的信息，用于验证其信息的有效性(防伪)和生成下一个区块(杨熳, 2017)。

2) 特点

(1) 去中心化。区块链技术不依赖额外的第三方管理机构或硬件设施，没有中心管制，除了自成一体的区块链本身，通过分布式核算和存储，各个节点实现了信息自我验证、传递和管理。去中心化是区块链最突出、最本质的特征。

(2) 开放性。区块链技术基础是开源的，除了交易各方的私有信息被加密外，区块链的数据对所有人开放，任何人都可以通过公开的接口查询区块链数据和开发相关应用，因此整个系统信息高度透明。

(3) 独立性。基于协商一致的规范和协议(类似比特币采用的哈希算法等各种数学算法)，整个区块链系统不依赖其他第三方，所有节点能够在系统内自动安全地验证、交换数据，不需要任何人为的干预。

(4) 安全性。只要不能掌控全部数据节点的 51%，就无法肆意操控修改网络数据，这使区块链本身变得相对安全，避免了主观人为的数据变更。

(5) 匿名性。除非有法律规范要求，单从技术上来讲，各区块节点的身份信息不需要公开或验证，信息传递可以匿名进行。

3) 应用

(1) 金融领域。

区块链在国际汇兑、信用证、股权登记和证券交易等金融领域有着潜在的巨大应用价值。将区块链技术应用在金融行业中，能够省去第三方中介环节，实现点对点的直接对接，从而在大大降低成本的同时，快速完成交易支付。比如 Visa 推出基于区块链技术的 Visa B2B Connect，它能为机构提供一种费用更低、更快速和安全的跨境支付方式来处理全球范围的企业对企业的交易。

(2) 物联网和物流领域。

区块链也适用于物联网和物流领域。通过区块链可以降低物流成本，追溯物品的生产和运送过程，并且提高供应链管理的效率。该领域被认为是区块链的一个很有前景的应用方向。区块链通过节点连接的散状网络分层结构，能够在整个网络中实现信息的全面传递，并能够检验信息的准确程度。这种特性在一定程度上提高了物联网交易的便利性和智能化。

(3) 公共服务领域。

公共管理、能源、交通等公共服务领域信息中心化的特性往往会导致安全、管理等方面的问题，这些问题可以结合区块链技术解决。区块链能够实现去中心化的完全分布式 DNS 服务，通过网络中各个节点之间的点对点数据传输服务就能实现域名的查询和解析，可用于确保某个重要的基础设施的操作系统和固件没有被篡改，可以监控软件的状态和完整性，及时发现不良的篡改，并确保物联网系统所传输的数据没有经过篡改。

(4) 数字版权领域。

通过区块链技术，可以对作品进行鉴权，证明文字、视频、音频等作品的存在，保证权属的真实性、唯一性。作品在区块链上被确认后，后续交易都会进行实时记录，实现数字版权全生命周期管理，也可作为司法取证中的技术性保障。

(5) 保险领域。

在保险理赔方面，保险机构负责资金归集、投资、理赔，往往管理和运营成本较高。通过智能合约的应用，既无需投保人申请，又无需保险公司批准，只要触发理赔条件，就能实现保单自动理赔。

(6) 公益领域。

区块链上存储的数据，高可靠且不可篡改，天然适合用在社会公益等应用场景中。公益流程中的相关信息，如捐赠项目、募集明细、资金流向、受助人反馈等，均可以存放于区块链上，并且有条件地进行透明公开公示，方便社会监督。

1.4　CPS 设计方法学研究

1.4.1　CPS 设计中存在的问题

自 2006 年提出至今(姬晓波等，2014)，CPS 引起了国内外学者和研究机构的关注，所涉及的科学与技术问题非常广泛，包含了理论建模和计算抽象、物理接口和新型人机交互、环境感知、数据管理与挖掘、安全隐私等方面的内容，广泛应用于医疗器件和系统、交通控制、先进自动化系统、环境保护、航空设备、国防系统、制造系统等领域。

2010 年 1 月，我国科技部和“863”计划相关机构在上海举办了“信息-物理融合系统发展战略论坛”，重点讨论国民经济领域的 CPS 应用系统示范及国家急需的 CPS 应用战略布局。2012 年，“面向信息-物理融合的系统平台”主题项目被列入国家高技术研究发展计划之中，由清华大学、浙江大学、国防科学技术大学等单位联合承担。该项目针对 CPS 的可预测性和高可靠性等关键特征，以多种类、多层次、多尺度信息-物理融合为切入点，突破和掌握 CPS 建模、开发、运行等核心共性关键技术，研发相应的支撑工具与平台。

连续系统模型和离散系统模型两者之间的融合虽然有很多存在的工具来进行设计，但一致性问题是不容忽视的，这也成了现阶段研究的一大重点难题(李仁发等, 2016)。另外现阶段存在的建模方法忽略了时间对于系统行为的影响(Zhu et al., 2011)，或只是简单认为时间是一种非功能性属性。现有的许多服务尤其是网络通信方面采用的大多是"尽力而为"的思想，这与 CPS 的强实时、高可靠(Farooqi et al., 2011; Ma et al., 2010)等特征是存在冲突的。最后，CPS 的分布式特性(Pfeifer, 2013)使 CPS 组件分布在不同的空间位置上，对于分布式系统的建模，这就需要解决时间同步、网络延迟、系统标识统一等问题。

国际 CPS 研究的领军人物 Lee 指出目前 CPS 建模亟须解决的六大问题(Lee, 2010)。

(1) CPS 被建模成一个混合系统，其中物理过程用连续模型表示；计算则被描述成状态机、数据流模型或者离散事件。如何准确表达模型的不确定性、参数的未知性、系统的动态性等行为?

(2) CPS 包含众多的子模型，它们在成为复杂 CPS 的一个组件或单元之后，如何保持这些同质组件或单元的一致性?

(3) 如何处理 CPS 各组件所产生的歧义，包括单元、语义和转换的不一致等。

(4) CPS 建模过程中，计算与物理过程的功能性建模都假定数据被实时地计算或传输，实际上所有这些都是需要时间的。如何准确定义 CPS 模型的时间特性?

(5) CPS 的分布式特性需要进行分布式行为的建模，如何在 CPS 模型中处理时序上的不一致、网络延时、不完全通信、系统状态的一致性等现象?

(6) 如何应对 CPS 所带来的网络异构和子系统异构等问题?

嵌入式系统的模型集成开发(Pfeifer et al., 2013; Lee, 2014)通常使用面向角色的软件组件模型(Xu et al., 2013; Zuberek, 1980)。在这种模型中，软件组件(称为参与者)并发执行，并通过互连端口发送消息进行通信。支持这种设计的例子包括 Simulink、MathWorks、LabVIEW、National Instruments、SystemC、SysML 和 UML 2 中的组件和活动图，以及一些研究工具，如 ModHel X、TDL、HetSC、ForSyDe、Metropolis 和 Ptolemy II。其中，关键的挑战是提供定义良好的计算模型(Models of Computation，MoC)、语义以及将模型时间和现实时间概念集成统一。为了解决挑战(5)，例如，对分布式行为建模，必须提供多种形式的时间模型。建模框架包括时间的语义概念，如 Simulink 和 Modelica 构建的模型中，假定时间是均匀的，因为它在整个系统中均匀地向前推进。然而，在实际的分布式系统中，即使像片上系统这样小的系统，也没有这种时间的同质概念是可测量或可观察的。在分布式系统中，即使使用网络时间同步协议(如 IEEE 1588)，本地时间概念也会不同，如果不能对这种差异建模，可能会在设计中引入构件。一个直接面对分布式系统中时间的多形式本质的有趣项目是 PTIDES 项目(Brisolara et al., 2007)。PTIDES 是一种分布式系统的编程模型，它依赖于时间同步，但也能识别缺陷。PTIDES 系统的模拟可以同时拥有许多时间线，事件在逻辑上或物理上被放置在这些时间线上。尽管时间线是多重的，但事件之间的交互具有定义良好的确定性语义。

1.4.2 国外研究情况

不同于普通的嵌入式系统，信息物理融合系统包含各类物理实体、感知执行设备、通信网络、计算机软硬件设备，混合异构性是 CPS 最大的特性(刘超, 2019; Lee and Seshia, 2017)。为支持异构环境下 CPS 的设计，OMG 提出了模型驱动的体系架构(MDA), MDA 是一种基于 UML、MOF、CWM、XMI 等建模方法的开放型框架，支持采用可视化的方式进行模型的构建。在 MDA 的推动下，出现了支持 CPS 协同设计的各种建模和验证方法。2007 年的图灵奖获得者 Sifakis 等(Bliudze and Sifakis, 2011)提出了基于组件的嵌入式系统抽象建模方法 BIP(Behavior/Interaction/Priority)，支持异构元件的黏合操作，所构建的模型可编译成指定平台的 C++ 码，但目前尚缺少建模和验证平台的支持。Lee 等(Ptolemaeus, 2014; The Ptolemy Project)提出了面向角色的系统级、层次、异构型建模语言，并设计研发了 CPS 建模仿真平台 Ptolemy II。与其他建模工具不同，Ptolemy II 设计的初衷就是解决异构系统建模问题，其主要目标是使得不同域之间的语法、语义、语用性差异最小化，并实现不同域之间交互性的最大化。Ptolemy II 建模工具针对不同的系统行为，定义了不同的计算模型，基于层次建模思想解决异构系统建模问题，系统模型的构建采用面向角色的方式进行。但目前该方法对网络通信的建模仿真缺乏成熟的组件库系统，且不支持新型行为模型的植入。Taha 等(Taha et al., 2012; Acumen,2019)提出了混合系统的建模和验证方法，采用连续函数对连续系统建模，并进行离散化仿真，同时设计研发了一种基于模型的混合系统开发环境 Acumen，其建立了一套文本建模语言，拥有精确完整的语法和语义，可以实现混合系统的精准描述，对物理世界的行为变化进行严格的仿真。Khamespanah 等(2018)提出了一种基于模型校验的方式，实现系统在满足实时性需求的同时优化资源调度，并基于 Timed Rebeca(Rebeca,2017)建模语言和 Afra 建模工具进行方案的验证。Timed Rebeca 可用于无线传感执行网络(Wireless Sensor and Actuator Networks, WSAN)的建模研究，其构建的模型由反应类组成，每一个反应类都声明了其消息包的大小和状态变量集合。Timed Rebeca 模型遵循角色模型规则，角色之间通信采用异步消息传递，同时 Timed Rebeca 增加了 Delay、Deadline、After 三个指标用于解决时效性问题。但 Timed Rebeca 不支持动态角色创建，模型中所有的角色必须在 Main 模块中定义。

1.4.3　国内研究情况

国内学者对 CPS 建模也进行了探索性的研究。周兴社等(2014)结合 CPS 异构性的特点，提出了一种结构行为协同建模方法，通过结构模型与行为模型的绑定操作，将两类模型进行关联，并实现对异构模型的支持。房丙午等(2018)针对状态不可观测且行为具有随机性特征的 CPS，提出了一种运行时安全性验证方法，基于自行构建的运行时验证框架，通过理论分析论述了其所设计的安全性验证方法相比前(后)向算法，在时间复杂度、空间复杂度等方面具备更好的性能。李仁发等(2016)从离散系统和连续系统角度出发，系统性地介绍了当前应用于 CPS 领域的建模理论与建模工具，为 CPS 建模提供了有效参考。李晓宇等(2014)采用模型转换技术实现了 CPS 典型实例——月球车实时系统的仿真建模，验证了模型转换技术可以有效地应用于 CPS 开发。马华东等(2013)提出了一种四层物联网体系架构模型，并采用面向对象的方式对模型进行描述，同时其将物联网中设备依据计算、存储等能力的不同进行分类，提出了一种基于通信性能的设备互连机制，为物联网模型的实现及网络通信模型的建立提供了理论基础。

1.4.4　基于 UML 的建模与验证

CPS 分为: 计算实体、物理实体和控制实体。现在的 CPS 建模研究以计算实体和物理实体为主(叶枫等, 2016)。其中计算实体建模以动态行为理论为基础，而物理实体的建模和仿真则以 Simulink/RTW 工具为主。计算实体主要描述系统的逻辑结构，没有一个全局的时钟，它是离散的基于事件驱动的。因此采用基于有限状态机的离散系统行为模型对 CPS 的计算实体模型进行构建是一种比较流行的建模方法。

目前对于 CPS 计算实体建模方法的研究比较广泛。文献(刘厦等, 2012)分析了构建计算实体模型的统一建模语言(UML)以及构建物理实体模型的 Simulink/RTW 建模工具的可行性，给出了基于 UML 框架的两种异质模型融合方法。其将 UML 应用到 CPS 计算实体建模的方法为本文提供了思路。文献(Chen L N et al., 2011)以事件驱动为基础，给出不同类型事件之间的集成操作，然后从集成事件中提取出环境的状态，在物理状态的基础上给出时空事件模型框架，为连续时间系统和事件驱动的建模提供理论基础。文献(Derler et al., 2012)以一个具体的案例讨论包括混合动力系统在内的建模与仿真，给出特定领域的并行异构计算模型，提高模块化和联合建模功能的实施架构。文献(李晓宇等, 2014)建立了系统的静态结构图和动态行为图，采用模型转换技术，把 Simulink 建立的系统物理连续动态模型导入到 UML 模型，基于实时性实现了 CPS 计算实体与物理实体融合的仿真建模。

计算学科一般将研究的重点放在逻辑关系上，所以其在研究计算的时候往往容易忽略时间的因素，直接将系统抽象为离散事件模型；而在控制领域对物理世界的研究当中，往往以时间为基础，把系统抽象为连续的时间模型。在这个模型当中，时间是其重要的坐标之一，这将导致计算实体与物理实体在进行交互融合的时候非常容易产生冲突和无法预计的差错。

目前最广泛的一种建模趋势就是：计算实体部分通过统一建模语言(UML)进行建模，而物理实体部分则以 Simulink/RTW 工具为主。CPS 计算实体没有统一的时钟，是基于事件和逻辑关系的。UML 可以用面向对象图的方式来描述任何类型的系统，能够对任何具有静态结构和动态行为的系统进行建模。所以通过 UML 对 CPS 的计算实体进行建模是非常恰当的选择。

计算实体是在信息物理融合系统中对物理世界进行控制和计算的部分(李晓宇等, 2014)，与物理实体相比，计算实体最显著的特征是在系统中没有一个确定的时钟；此外在物理世界中的运动过程一般都是基于时间的动态连续过程，而计算世界中的系统行为一般是基于事件驱动的离散过程。实时 UML/Sys ML(高永明等, 2009)是目前对实时系统计算实体建模支持较好的标准化语言，且已有较好的软件工具对其支持。如 UML 建模工具 Rational Rose、Microsoft visio、Smart Draw 和 IBM Rhapsody。

UML 作为一种建模语言，为用户提供一种易用的、具有可视化建模能力的语言，能够使用户应用该语言进行系统的开发工作，并且能够进行有意义的模型转换。UML 提供了多种类型的模型描述图，大致可以分为两类，即结构建模图和行为建模图。结构建模图包括类图、对象图、组件图、组合结构图、包图和部署图；行为建模图包括用例图、活动图、状态机图、顺序图、通信图、定时图和交互图。采用状态转换图能够清晰的刻画计算实体的动态离散过程。将计算实体的行为刻画为基于事件驱动的离散过程，进而建立计算实体的动态模型，可以较好地表示及实现计算实体的行为。

UML 缺乏足够的元素来支撑特定领域的仿真建模和描述，但是 UML 是一种可扩展的建模语言，提供轻量级扩展和重量级扩展两种方法使用户可以通过引入特定领域的模型元素来扩展 UML，达到对不同类型的系统、过程和方法的支持。轻量级的扩展指建立一个包含构造型(Stereotype)、标签值(Tagged Value)和约束(Constraint)的 UML 特征文件(Profile)，用于描述并详细说明建模目标系统的特质。重量级的扩展方法指通过扩展 MOF 建立一个全新并且完整的建模语言，建模人员需要加入自己的元模型，以完成对新领域的建模。使用 UML Profile 不仅可以针对目标领域建立一套相应的规则，而且沿用 UML 的内容，能够有效降低目标领域建模的工作量，又可以完整描述目标领域的特性。

OMG 组织认证了许多不同领域的 Profile，包括嵌入式实时系统建模与分析(Modeling and Analysis of Real-time and Embedded Systems, MARTE)Profile, Time Profile 等。此处所述的实时 UML 建模，主要是通过 UML 的轻量级实时扩展

UML-SPT 和 MARTE 来实现的。

IBM 公司开发的一款 UML 软件开发工具 Rhapsody, 是一个基于 UML 的面向嵌入式实时应用开发的可视化集成环境。它集成了需求分析、软件设计、代码实现和功能测试, 实现了软件开发自动化。与同类常用的 UML 开发工具 Rational Rose 相比, 它生成的代码精练, 实时性好。Rhapsody 提供了对 MARTE 的支持, 这样就为实时约束提供了模型载体, 也为时间属性值描述提供了场所, 为进一步的仿真过程动态验证和形式算法提供了模型依据。

1.4.5　基于 Petri 网的建模与验证

Petri 网适合描述系统的并发与异步行为, 是计算机领域比较传统的模型分析及验证方法, 应用非常广泛(李仁发等, 2016)。通常情况下, 将扩展信息引入 Petri 网能够增大描述能力, 且不会对 Petri 网结构的描述以及同步和并发的表达造成破坏。基于 Petri 网的验证工具目前比较通用的是 EXSPECT。

CPS 一般具有强实时、高可靠、安全可信等特点。针对系统非功能性属性的验证, 一些研究人员也发展了不同的 Petri 理论。文献(Ma et al., 2012)针对 CPS 高可信及 Petri 网本身面临的系统状态空间爆炸问题, 提出了面向对象的 Petri 网(OPN)模型, OPN 采用灵活的方式应对 CPS 中复杂的物理环境, 并扩展了一些描述语义以更好地抽象 CPS 的基本属性。文献(Mitchell and Chen, 2013)针对 CPS 面临安全入侵情况时, 系统能做出可靠性的回复及响应, 采用随机 Petri 网(SPN)理论来对系统进行分析验证, 更好地保证了系统面临未知攻击时的安全可靠特征。另外, 在 CPS 实时性的验证、系统设计领域, Petri 网理论也得到了广泛的应用。

传统的 Petri 理论不包含概率、时间、可靠度等属性, 只支持对系统的属性、是否死锁以及有界性等定性分析, 不能满足 CPS 复杂的过程定量及非功能性属性的描述。一般的做法是扩展分析验证所需的因子, 如时间、概率、通信开销等。然而 Petri 网对于处理连续的物理事件缺乏相关方面的研究, 虽然有学者研究连续因子的扩展, 但其本质是将连续因子离散化, 对于复杂物理事件的描述缺乏理论基础及相关工具。

1.4.6　基于自动机的建模与验证

基于时间自动机的模型验证已成为一种公认有效的系统验证方法, 并得到了广泛应用(李仁发等, 2016)。国内外学者在 Alur 时间自动机的基础上发展理论(Larsen et al., 2010), 开发验证工具, 提出各种有效的验证系统实时性的算法, 使时间自动机理论发展很快, 且取得了长足进步。其主要的仿真工具是 UPPAAL。

对于时间的分析处理是 CPS 不可避免的问题, 时间自动机理论在这方面发挥了很重要的作用。文献(Yang and Zhou, 2013)采用一种可扩展的混合时间自动机理论对CPS建模，将带有通信实体的CPS描述为并行通信原子实体；在行为模式上，将带有行为的个体实体描述为分层的顺序模型。该扩展模型能更好地反映CPS中的分层、并行及网络延迟等特征。文献(Banerjee and Gupta, 2013)提出了面向一维线性空间的时空混合自动机模型(L1STHA)，每一个变量在给定的时间与空间点上都有一个确定的值与其对应，用来预测一定误差范围内系统可能到达的状态。

时间自动机在 CPS 中的应用，主要用于时间分析，但面向对象都是离散系统。连续事件作为CPS中不可或缺的部分，运用时间自动机来验证其实时性还存在很多问题。也有学者考虑在时间自动机的基础上扩展连续事件，但需要与其他的建模语言或形式化方法相结合，其过程相当复杂。

参 考 文 献

崔勇，吴建平. 2014. 下一代互联网与IPv6过渡[M]. 北京：清华大学出版社.

房丙午，黄志球，王勇，等. 2018. 状态不可观测的信息物理融合系统运行时验证[J]. 电子学报，46(12): 2824-2831.

高永明，赵立军，闫慧. 2009. 一种支持自主任务规划调度的航天器系统建模方法[J]. 系统仿真学报，21(2): 320-324, 334.

胡雅菲，李方敏，刘新华. 2010. CPS 网络体系结构及关键技术[J]. 计算机研究与发展，47(S2): 304-311.

姬晓波，曾凡，黄昊. 2014. 信息物理融合系统及其在医疗中的应用[J]. 医疗卫生装备，35(6): 102-104,108.

季承扬. 2018. 信息物理系统安全威胁与防护措施[J]. 科技传播，10(4): 111-112.

李仁发，杨帆，谢国琪，等. 2016. 信息-物理融合系统中建模方法综述[J]. 通信学报，37(5): 165-175.

李晓宇，王宇英，周兴社，等. 2014. 一种信息物理融合系统仿真建模方法[J]. 系统仿真学报，26(3): 631-637.

刘超. 2019. 基于IPv6的社区医疗物联网组件协同建模与验证[D]. 芜湖：安徽师范大学.

刘光迪. 2014. 6LoWPAN无线传感器网络报头压缩算法的研究与实现[D]. 成都：西华大学.

刘厦，王宇英，周兴社，等. 2012. 面向 CPS 系统仿真的建模方法研究与设计[J]. 计算机科学，39(7): 32-35,68.

马华东，宋宇宁，于帅洋. 2013. 物联网体系结构模型与互连机理[J]. 中国科学(信息科学)，43(10): 1183-1197.

王剑锋，陈灿峰，刘嘉，等. 2013. 一种基于IPv6和低功耗蓝牙的物联网体系结构[J]. 计算机科学，40(5): 97-102.

杨熳. 2017. 基于区块链技术的会计模式浅探[J]. 新会计，(9):57-58.

杨孟飞，王磊，顾斌，等. 2012. CPS在航天器控制系统中的应用分析[J]. 空间控制技术与应用，38(5): 8-13, 33.

叶枫，夏阳，申朝祥，等. 2016. 基于动态行为建模的CPS计算实体建模方法[J]. 系统仿真学报，28(5): 1003-1008,1016.

周拴龙. 2012. 从中美电子病历标准的比较看中国电子病历标准的发展和完善[J]. 档案学通讯, (1): 11-15.

周兴社, 杨亚磊, 杨刚. 2014. 信息-物理融合系统动态行为模型构建方法[J]. 计算机学报, 37(6): 1411-1423.

Acumen. 2019[Online]. Available: http://www.acumen-language.org/.

Blog. 2018. https://blog.csdn.net/xianghongai/article/details/79572220.

The Ptolemy Project[Online]. Available:https://ptolemy.berkeley.edu/.

Rebeca. Rebeca Formal Modeling Language.2017 [Online]. Available: http://www.rebeca-lang.org/.

Abdellatif A A, Mohamed A, Chiasserini C F, et al. 2019. Edge computing for smart health: Context-aware approaches, opportunities, and challenges[J]. IEEE Network, 33(3): 196-203.

Alabdulatif A, Khalil I, Yi X, et al. 2019. Secure edge of things for smart healthcare surveillance framework[J]. IEEE Access, 7: 31010-31021.

Bagnulo M, Arkko J. 2007. Support for Multiple Hash Algorithms in Cryptographically Generated Addresses(CGAs)[S]. RFC 4982.

Banerjee A, Gupta S K S. 2013. Spatio-temporal hybrid automata for safe cyber-physical systems: a medical case study[C]. 2013 ACM/ IEEE International Conference on Cyber-Physical Systems (ICCPS). Philadelphia, USA: 71-80.

Bliudze S, Sifakis J. 2011. Synthesizing glue operators from glue constraints for the construction of component-based systems[C]. Proceedings of International Conference on Software Composition, 6708: 51-67.

Brisolara L, Oliveira M F S, Nascimento F A, et al. 2007. Using UML as a front-end for an efficient Simulink-based multithread code generation targeting MPSoCs[C]//UML-SoC'07. San Diego, USA.

Casado-Vara R, Corchado J. 2019. Distributed e-health wide-world accounting ledger via blockchain[J]. Journal of Intelligent & Fuzzy Systems, 36: 2381-2386. 10.3233/JIFS-169949.

Collotta M, Pau G, Talty T, et al. 2018. Bluetooth 5: A concrete step forward towards the IoT[J]. IEEE Communications Magazine, 56(7): 125-131.

Derler P, Lee E A, Vincentelli A S. 2012. Modeling cyber-physical systems [J]. Proceedings of the IEEE(S0018-9219), 100(1): 13-28.

Din S, Paul A. 2018. Smart health monitoring and management system: Toward autonomous wearable sensing for Internet of Things using big data analytics[J]. Future Generation Computer Systems, 91: 611-619.

Farooqi A H, Khan F A, et al. 2011. Security requirements for a cyber physical community system: A case study[C].Proceedings of the 4th International Symposium on Applied Sciences in Biomedical and Communication Technologies: 1-5.

Gont F, Cooper A, Thaler D, et al. 2017. Recommendation on Stable IPv6 Interface Identifiers[S]. RFC 8064.

Hackmann G, Guo W, Yan G, et al. 2014. Cyber-physical codesign of distributed structural health monitoring with wireless sensor networks[J]. IEEE Transactions on Parallel and Distributed Systems, 25(1): 63-72.

Khamespanah E, Sirjani M, Mechitov K, et al. 2018. Modeling and analyzing real-time wireless sensor and actuator networks using actors and model checking[J]. International Journal on Software Tools for Technology Transfer, 20(5): 547-561.

Kushalnagar N, Montenegro G, Schumacher C. 2007. IPv6 over Low-Power Wireless Personal Area Networks(6LoWPANs): Overview, assumptions, problem statement, and goals[S]. RFC 4919.

Larsen K G, Li S, Nielsen B, et al. 2010. Scenario-based analysis and synthesis of real-time systems using uppaal[C]. The Conference on Design, Automation And Test in Europe. Dresden, Germany: 447-452.

Lee E A. 2010. CPS foundations[C]. Proceedings of the lst ACM SIGSIM Conference on Principles of Advanced Discrete Simulation. New York, USA: 737-742.

Lee E A. 2014. Introduction to Embedded Systems-a Cyber-Physical Systems Approach[M]. UC Berkeley: 79-200.

Lee E A, Seshia S A. 2017. Introduction to Embedded Systems-A Cyber-Physical Systems Approach[M]. 2nd ed.Cambridge: MIT Press.

Chen L N, Huang H, Deng S. 2011. Research on CPS spatio-temporal event model based on the state [C]. 2011 6th International Conference on Computer Science & Education(ICCSE).

Liu C, Chen F, Zhao C, et al. 2018. IPv6-based architecture of community medical internet of things[J]. IEEE Access, 6(99): 7897-7910.

Liu C, Chen F, Zhu J, et al. 2017. Characteristic, architecture, technology and design methodology of cyber-physical systems[C]. EAI International Conference on Industrial IoT Technologies and Applications, 202: 230-246.

Ma L, Yuan T, Xia F, et al. 2010. A high-confidence cyber-physical alarm system: Design and implementation[C]. The 2010 IEEE/ACM Int'l Conference on Green Computing and Communications & Int'l Conference on Cyber, Physical and Social Computing. New York, USA: 516-520.

Ma Z Q, Fu X, Yu Z H. 2012. Object-oriented Petri nets based formal modeling for high-confidence cyber-physical systems[C]. 2012 8th International Conference on Wireless Communications, Networking and Mobile Computing. Shanghai, China: 1-4.

Mann S. 1997. Smart clothing: The wearable computer and wearcam[J]. Personal Technologies, 1(1): 21-27.

Mitchell R, Chen I R. 2013. Effect of intrusion detection and response on reliability of cyber physical systems[J]. IEEE Transactions on Reliability, 62(1): 199-210.

Mowla N I, Doh I, Chae K. 2018a. On-device AI-based cognitive detection of bio-modality spoofing in medical cyber physical system[J]. IEEE Access, 7: 2126-2137.

Mowla N I, Doh I, Chae K. 2018b. Selective fuzzy ensemble learner for cognitive detection of bio-identifiable modality spoofing in MCPS[C]//Proc. 20th Int. Conf. Adv. Commun. Technol. (ICACT): 63-67.

Narten T, Draves R, Krishnan S. 2007. Privacy Extensions for Stateless Address Autoconfiguration in IPv6[S]. RFC4941.

Narten T, Huston G, Roberts L. 2011. IPv6 Address Assignment to End Sites[S]. RFC 6177.

Nieminen J, Savolainen T, Isomaki M, et al. 2015. IPv6 over BLUETOOTH(R) low energy[S]. RFC 7668.

Pfeifer D, Gerstlauer A, Valvano J. 2013. Dynamic resolution in distributed cyber-physical system simulation[C]. Proceedings of the lst ACM SIGSIM Conference on Principles of Advanced Discrete Simulation. New York, USA: 277-284.

Ptolemaeus C.2014. System Design, Modeling, and Simulation Using Ptolemy II[M]. Ptolemy. org.

Roehrs A, da Costa C A, da Rosa Righi R D. 2017. OmniPHR: A distributed architecture model to integrate personal health records[J]. Journal of Biomedical Informatics, 71: 70-81.

Roehrs A, da Costa C A, et al. 2019. Analyzing the performance of a blockchain-based personal health record implementation[J]. Journal of Biomedical Informatics, 92: 103-140.

Shelby Z, Bormann C. 2015. 6LoWPAN: 无线嵌入式物联网[M]. 北京: 机械工业出版社.

Taha W, Brauner P, Zeng Y F, et al. 2012. A core language for executable models of cyber-Physical systems(Preliminary Report)[C]. Proceedings of International Conference on Distributed Computing Systems Workshops (ICDCSW 2012), 1: 303-308.

Troan O, Volz B, Siodelski M. 2015. Issues and Recommendations with Multiple Stateful DHCPv6 Options[S]. RFC 7550.

Xu B Q, He J F, Zhang L C. 2013. Specification of cyber physical systems by clock[C]. The 8th International Workshop on Automation of Software Test. San Francisco, USA: 18-19.

Yang Y L, Zhou X S. 2013. Cyber-physical systems modeling based on extended hybrid automata[C]. 2013 5th International Conference on Computational and Information Sciences (ICCIS). Shiyang, China: 1871-1874.

Zhu Y, Dong Y, Ma C, et al. 2011. A methodology of model-based testing for AADL flow latency in CPS[C]. 2011 5th International Conference on Secure Software Integration & Reliability Improvement Companion(SSIRI-C). Jeju, South Korea: 99-105.

Zuberek W M. 1980. Timed Petri nets and preliminary performance evaluation[C]. 7th Annual Symposium on Computer Architecture. La Baule, France: 88-96.

第 2 章　CPS 建模方法与工具

系统建模是软件系统开发过程中的一项重要工作。CPS 的出现对系统建模方法及建模工具提出了新的挑战。通常，CPS 规模庞大，单一的建模仿真工具无法满足复杂的 CPS 仿真需求，如何有效进行 CPS 建模与仿真，是当前一个重要的研究领域。为满足复杂系统建模需求，众多研究团队和机构对系统建模方法与建模工具进行了不断的探索与完善。本章对目前现有的 CPS 建模方法及建模工具进行详细的总结与探讨。

2.1　CPS 建模方法概述

2.1.1　基于函数及方程的 CPS 建模方法

基于函数及方程的 CPS 建模方法即通过数学方程系统来描述系统行为。通常而言，方程是非因果的，即在对模型进行方程式的构建与定义时，方程求解方式是不确定的。非因果的特性使得用户在构建复杂系统模型时，可以直接按照系统原理或者拓扑关系对系统进行描述，无需考虑数值求解问题，从而避免了在建模时就需要考虑对系统进行数学上的解耦处理，保证了能够灵活的构建复杂系统模型。

对于连续系统而言，其最为实用的建模仿真手段即采用面向函数及方程的建模语言。1967 年，美国计算机仿真学会对面向函数及方程的建模语言进行开发与总结，并加以标准化，提出了一种能够同时兼有框图表示功能的面向函数及方程的建模语言——连续系统仿真语言(Continuous Systems Simulation Language, CSSL) (Donald et al., 1967)。CSSL 的公布使得连续系统建模语言拥有了统一的规范，同时也意味着建模语言从通用程序语言中分离出来，形成了独立的分类。

CSSL 及后来所演化的各种版本语言均为基于状态空间描述来构建系统模型，本质而言，所构建的模型即常微分方程(Ordinary Differential Equation, ODE)系统。随着系统建模的发展，近 20 年来，建模语言已逐渐采用显式的微分代数方程(Differential Algebraic Equation, DAE)形式来描述系统行为，典型的包括多领域建模语言 Modelica、硬件描述语言 VHDL-AMS 等。

面向函数及方程的建模语言通常由四部分组成：模型定义语言、翻译程序、实用程序库和运行控制程序。建模及仿真流程一般为：①用户直接以状态方程的形式对系统仿真模型进行描述；②系统仿真模型通过编译程序自动地翻译成通用高级语言(如 FORTRAN 语言、BASIC 语言)；③将通用高级语言进行翻译、装入和执行，并通过一些简单的输出命令进行模型仿真、执行结果动态或静态的显示、绘图和打印。

2.1.2　面向对象与面向角色的 CPS 建模方法

目前，软件系统通用编程语言通常采用面向对象方式，较为流行的面向对象编程语言如 C++、Java、C# 等等。在面向对象编程语言中，对象一般用于消息的传递与接收，对象的接口为方法(Method)，也就是用于对象状态修改和观察的程序。对象的行为通过调用方法进行封装，并将调用方法作为对象的成员，因此，在面向对象编程语言中，对象是数据与调用方法的组合。

面向对象的思想同样可以用在建模语言中，与编程语言类似，建模语言中的对象也包括数据和对象的行为，不同之处在于，在建模语言中对象的行为一般是通过方程来描述的。因此，建模语言中的对象是数据与方程的组合。

尽管在建模语言中可以采用面向对象的方式，但在这种方式中，通信只能通过对象之间相互调用方法来实现，因此仅能实现程序的顺序控制转移，其难以有效进行并发模型的构建(Lee and Seshia, 2017)。

在面向角色的建模方法中，角色是系统中可以并发执行并且可以彼此共享数据的组件。与对象不同，角色的接口为端口(Port)，主要用于数据的传送与接收。以面向角色的方法构建的系统将数据传送与传送控制进行了分离，更加强调了系统之间的因果关系和并发行为，因而更适合于具有混合异构、动态并发特点的 CPS 建模(Ptolemaeus, 2014)。

在以面向角色方法构建的系统模型中，角色是可以动态执行的，角色的执行过程分为建立、迭代和结尾三个阶段，各阶段又可进一步细分，如图 2-1 所示。

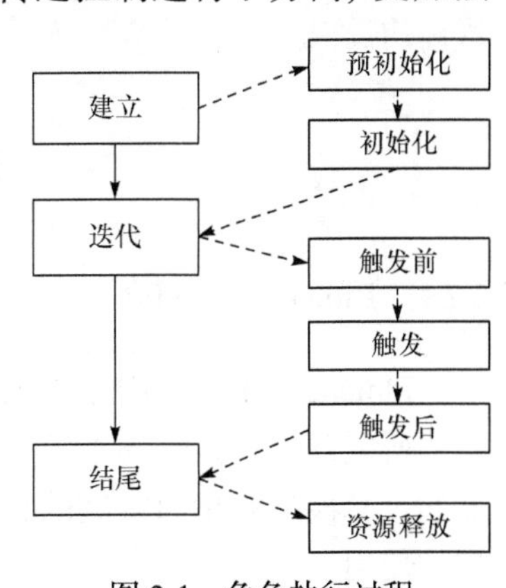

图 2-1　角色执行过程

建立阶段分为预初始化和初始化阶段。预初始化阶段通常包括动态创建角色、定义端口类型、建立数据接收者等。初始化阶段进行初始化参数、重置角色状态、产生初始数据。

为了协调角色间的迭代，迭代阶段包括触发前、触发和触发后。触发前将检查角色是否具备执行条件；触发时进行角色相应功能的实现，如读取数据、按特定功能处理数据、生成数据处理结果；触发后进行角色状态更新。尽管在触发时计算已开始并产生输出结果，但只有到了触发后角色才会更新状态，这就保证了在一些计算模型中固定点迭代，如同步反应模型、连续微分方程模型。这些计算模型在保持各个角色状态的同时计算角色输出固定点，角色状态只能在到达固定点之后才能更新。在结尾阶段，角色要释放其执行期间分配的所有资源。

2.1.3 基于组件的 CPS 建模方法

应用于 CPS 领域的组件可称为 CPS 组件(Liu et al., 2017)，用于表示构成 CPS 的基本元素。CPS 组件通常具有独立属性、组成结构和行为方法，组件的接口为端口，用于数据的传送与接收，组件之间通过端口相互连接、协同工作。结合 CPS 层次建模思想，组件可划分成多个层次，因此，组件又可划分为原子组件和复合组件两类。原子组件是指处于最底层的组件，其不能包含其他组件，具有最基本的属性和方法。

2.1.4 分层与协同的 CPS 建模方法

分层和协同建模是解决复杂 CPS 问题最为有效的方法。分层是指通过紧密结合 CPS 工作的内部运行环境和外部物理环境等要素，将复杂系统依据结构功能进行层次划分，保证各个层次具备局部同构性，使用相同的计算模型，而在不同的层次之间，则可采用不同的计算模型；协同是指不同模型的子组件，包括软件、硬件、物理、传感、通信、控制等子组件之间相互协作，共同完成某一目标的过程。

2.2 Ptolemy Ⅱ

2.2.1 Ptolemy Ⅱ简介

Ptolemy 项目由美国加州大学伯克利分校电气工程与计算机科学系主导开发，主要研究并行、实时嵌入式系统的建模、仿真与设计。其基本原理为使用明确定义的计算模型管理组件间的交互机制，关键问题在于异构混合系统中不同计算模型的使用。

Ptolemy 项目最早追溯到 20 世纪 80 年代，Messerschmitt 基于 C 语言设计了称为 Blosim 的软件框架，用于信号处理系统的仿真。而后，Messerschmitt 的学生

Edward Lee 在 Blosim 基础之上，创建了同步数据流计算模型理论。1989 年，Lee 和他的学生基于 Lisp 语言，开发了 Gabriel 工具，用于同步数据流模型的设计与实现。到 20 世纪 90 年代，Lee 和 Messerschmitt 基于 C++ 语言开发了面向对象的系统设计工具 Ptolemy (现称为 Ptolemy Classic)。

Ptolemy II 是继 Ptolemy Classic 后推出的第二代建模仿真环境，用于进行系统设计实验，特别是针对由不同类型模型组合成的系统建模与仿真。Ptolemy II 为开源平台，采用 Java 语言实现，以面向角色的方式构建系统模型，设计的基本组件是角色。模型、角色、端口、参数和通道描述了整个面向角色设计的语法结构。Ptolemy II 提供了一个可视化图形用户接口 Vergil，它是基于框图式的图形化建模设计工具，用图形化的方式集成了 Ptolemy II 的各种计算模型和角色，还可以方便地调整参数、改变随机函数、改变任务优先级等。而对于无线通信和传感器网络建模与仿真，Ptolemy II 则提供了单独的一个可视化图形用户接口 VisualSense (Baldwin et al., 2005)，VisualSense 建模环境与 Vergil 相似，不同之处在于 VisualSense 中包含的设计组件是为无线通信和传感器网络建模与仿真而单独定制的。此外，Ptolemy II 还提供了一个专门用于进行异构混合系统建模的可视化图形用户接口 HyVisual。在 Ptolemy II 中，设计好的模型通常是以 XML 文件格式进行保存的。

Ptolemy II 最早版本发布于 1999 年，目前，Ptolemy II 最新版本为 Ptolemy II 10.0.1，其发展历程如图 2-2 所示。

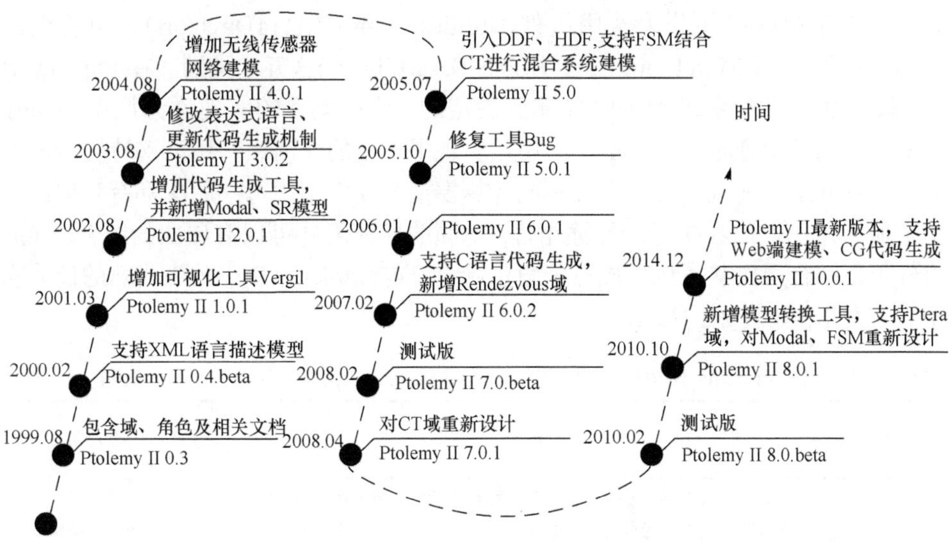

图 2-2　Ptolemy II 工具发展历程

2.2.2 Ptolemy II 建模环境

本节主要介绍 Ptolemy II 所提供的可视化图形用户接口 Vergil, 其主界面如图 2-3 所示, 分为菜单栏、工具栏、组件库、导航区域、建模区域共五个部分。

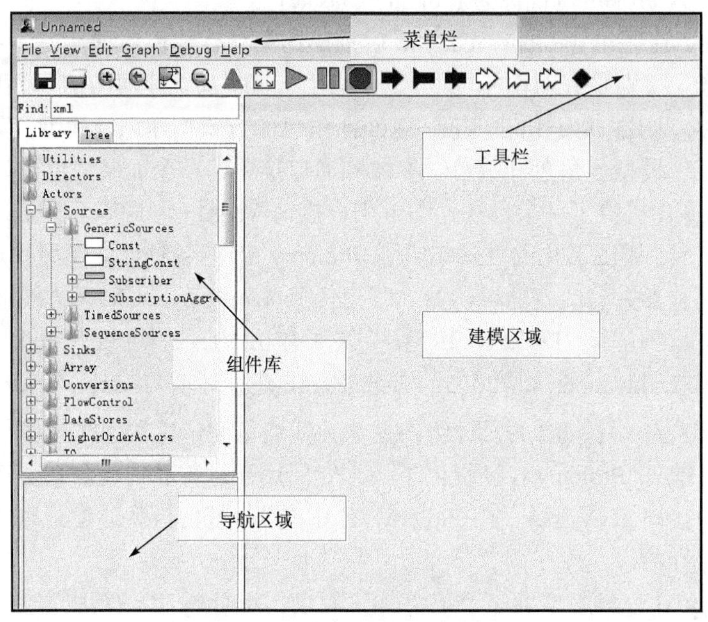

图 2-3　Ptolemy II 可视化建模环境

组件库中的组件分为通用组件(Utilities)、导演组件(Directors)、角色组件(Actors)、更多库(MoreLibraries)、用户库(UserLibrary)这五个类别。在 Ptolemy II 中, 模型的语义是由模型中的导演所决定的, 计算模型的实现称为域(Domain), 导演组件用于管理域。Ptolemy II 中已实现了丰富的导演组件用以支持同步数据流、进程网络、离散事件等多种不同计算模型。在模型中每一层次都有管理该层次中所有角色通信和执行的导演组件, 不同的导演组件可以有层次的组合, 导演组件可以结合层次状态机形成有限角色域。目前, Ptolemy II 中较为成熟的计算模型共有九个, 如表 2-1 所示。

表 2-1　Ptolemy II 中的计算模型(Lee and Seshia, 2017; Shah and Mehul, 2011)

计算模型	特点	通信机制	相关应用
同步数据流(SDF)	所需的输入令牌数据有效时, 角色被触发执行; 角色执行时, 各输入端口会处理定量的输入数据, 各输出端口产生定量的输出数据; 角色执行时序安排是事先确定的, 潜在的死锁和缓存限制问题被优先排查	FIFO 队列	信号处理(如视频、音频信号)

续表

计算模型	特点	通信机制	相关应用
动态数据流(DDF)	角色执行时产生和消耗的令牌数据数量不固定；支持条件性触发；无法避免死锁，也无法确定缓存限制，模型的可分析性较弱	FIFO 队列	数学动态分析问题(如汉诺塔问题)
进程网络(PN)	一个角色就代表连续执行的进程，整个模型是由连续进程形成的网络；角色通过各自独立线程并发执行，无需定义触发规则和触发函数；角色通信策略为“阻塞读、非阻塞写”	FIFO 队列	异步消息传递通信场合
会合(Rendezvous)	角色代表进程，各角色通过各自独立线程执行；角色通信以会合点为依据，采用策略为“阻塞读、阻塞写”；支持条件会合与多路会合	会合点	同步消息传递通信场合
同步响应(SR)	角色通信受到全局时钟控制，角色产生输出数据是当发送者与接收者都处于相同的时间点；角色的执行具备瞬时性、并发性；在任意一个时间点信号值允许为空；可有效协调并发行为，管理共享资源，检测并修改系统中存在的异常	逻辑全局时钟	多事件并发执行的复杂逻辑控制系统(如嵌入式控制系统)
离散事件(DE)	角色间的交互称为事件，事件包含值和时间戳，角色按时间的先后顺序处理事件，角色不论何时触发执行，其对输入事件的响应都必须在其前一个事件触发之后	全局事件队列	基于时间的复杂系统行为建模(如网络、数字化硬件)
连续时间(Continuous Time)	使用基于时间为变量的普通微分方程描述连续动态物理过程；域中的每个连接表示连续时间函数，组件表示函数之间的关系；支持离散事件，可对包含连续行为和离散行为的系统进行描述	高密度时间	连续动态行为系统(如模拟电路、机械系统)
无线通信(Wireless)	支持面向角色方式定义网络节点、无线通信信道、物理媒介；Wireless 域保留了 DE 域大部分的语义，但在组件连接机制上有所改变，即 Wireless 域不要求端口间有明确的实线连接，而是可以采用有确定名称的通道来关联，连通性因而受到了组件物理位置的限定	全局事件队列	无线通信网络建模
有限状态机及模态模型(FSM & Modal Model)	表示有限行为集以及控制它们之间变迁的规则集，这些规则可以通过 FSM 进行描述；Modal 域中 FSM 的每一个状态表示一种执行模式，模式可以进行细化用于定义该模式下的行为，即构建一个包含导演的子模型，当且仅当 FSM 处于对应的状态时，该子模型被激活并开始执行	状态变迁监视	复杂系统状态及操作模式控制器

2.2.3　Ptolemy Ⅱ特点

(1) 面向角色建模与设计。Ptolemy Ⅱ中面向角色建模概念与 1970 年 Hewitt 在描述智能代理概念时提出的“角色”一词相关，该术语后经 Agha 的相关工作得以发展，Agha 定义的角色都具备独立控制线程，且通过异步消息传递进行通信。“角色”一词同样在 Dennis 的数据流模型中被使用。与 Agha 所述角色不同的是，Ptolemy Ⅱ中的角色不需要具备控制线程，而与 Dennis 所述角色不同的是，Ptolemy Ⅱ中角色并不需要通过输入数据来触发执行。将系统视为由角色构建而成，更加强调了系统组件之间的因果关系和并发行为，以及组件之间的通信及数据依赖关系。以面向角色观点构建的系统模型将数据传送与传送控制进行分离，更适合于具有混合异构、动态并发特点的 CPS 建模。

(2) 模型的可执行性。与静态结构设计(如 UML 建模或 3D volumetric 建模)不同，Ptolemy Ⅱ中建立的模型是动态的、可执行的。

(3)模型的层次性。层次建模思想对于大型复杂系统建模尤为有效。在 Ptolemy Ⅱ中，一个复杂的模型可以分解成子模型嵌套的一个层次树。在各个层次，子模型被共同组合形成一个角色通信网，同时限制在各个层次应具备局部同构性，使用相同的计算模型。而在不同的层次，可以使用不同的计算模型。因此，通过 Ptolemy 方法可以实现多模型建模和协同仿真。

2.3 Modelica

2.3.1 Modelica 简介

Modelica 建模语言(Modelica URL)由瑞典的非营利性组织 Modelica 协会开发，其基于非因果建模思想，采用数学方程(组)和面向对象结构来促进模型知识的重用，是一种适用于大规模复杂异构物理系统建模的面向对象语言。Modelica 支持类、继承、方程、组件、连接器和连接，它采用基于广义基尔霍夫原理的连接机制进行统一建模。Modelica 模型一般采用微分方程、代数方程和离散方程组的数学描述形式，相关的 Modelica 工具能够决定如何自动求解方程变量，无需手动处理。对于大规模系统模型，例如，模型采用超过 10 万个方程进行描述，则可以使用特定的算法进行有效处理。

1997 年 9 月，Modelica 协会发布了 Modelica 的第一个版本——Modelica 1.0，此时的 Modelica 功能只定义了面向对象的语法结构，以及函数、算法和连接等基本操作，只支持处理连续变量。目前，Modelica 最新版本为 Modelica 3.3，该版本发布于 2012 年，Modelica 的发展历程如图 2-4 所示。

经过十余年的发展，Modelica 已然成为建模仿真领域较为成熟的产品，基于 Modelica 语言的模型库也发展迅速，并已覆盖电子电器、机械力学、热动力学、生物学、控制反馈、事件分析、实时仿真等一系列领域。基于 Modelica 语言的支持多领域系统建模仿真的商业软件主要有瑞典 Dynasim AB 公司所研发的 Dymola、瑞典林雪平大学所研发的 MathModelica、非营利组织 OSMC 所研发的 OpenModelica 以及我国华中科技大学所研发的 MWorks。

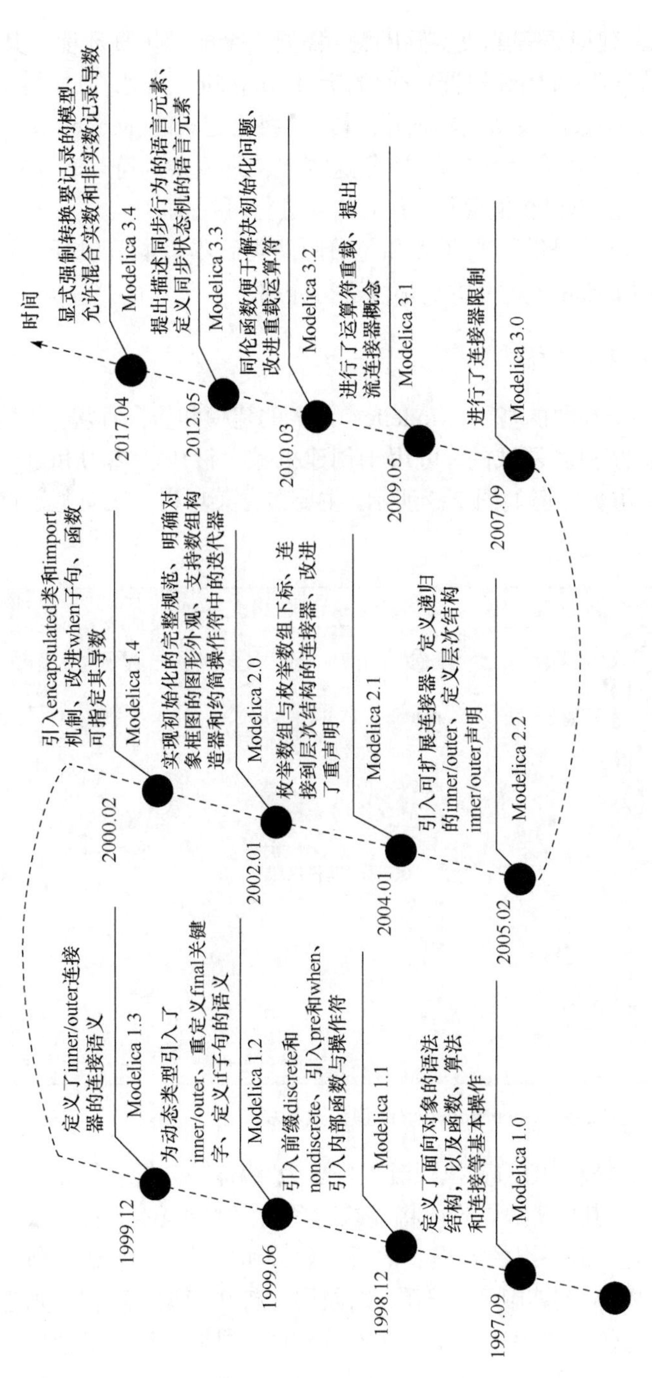

图2-4　Modelica发展历程

2.3.2　Modelica 建模环境

为了使用 Modelica 建模语言解决实际问题，需要一个建模仿真环境。其一，使用图形用户界面(组合图/原理图编辑器)方便的定义 Modelica 模型，以使得图形编辑的结果是 Modelica 格式的模型文本描述；其二，将已定义的 Modelica 模型转换为可在适当的模拟环境中有效模拟的形式,这需要特别复杂的符号转换技术；其三，用标准数值积分方法模拟转换模型，并对结果进行可视化。

Modelica 建模仿真环境提供了商业版和免费版两类版本。本节以开源软件 OpenModelica 为例，对 Modelica 建模仿真环境进行介绍。

1. OpenModelica 建模仿真环境

OpenModelica 是一个开源的基于 Modelica 语言的建模和仿真环境，其建模语言是面向对象、声明性和多领域的，可用于创建机械、液压、热力和电气组件。OpenModelica 建模仿真环境如图 2-5 所示，主要包含菜单栏、工具栏、库浏览器、建模区域四个部分。

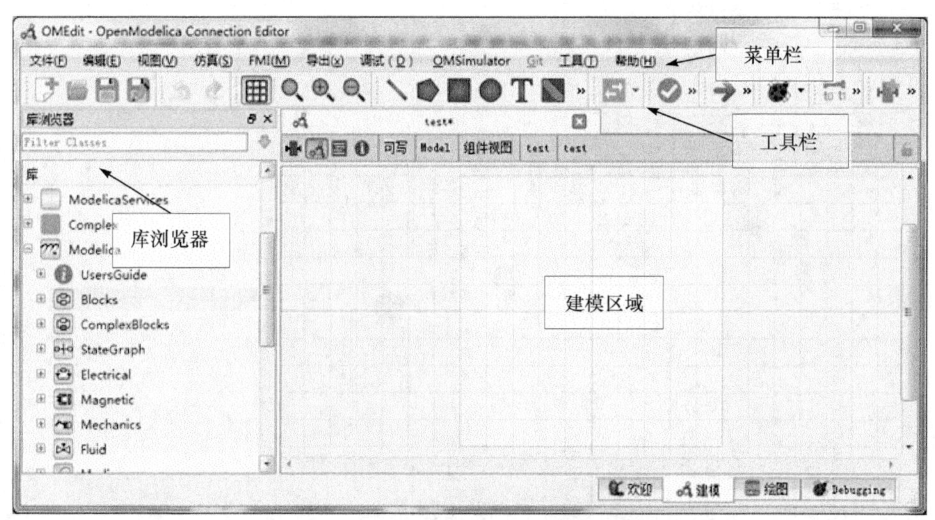

图 2-5　OpenModelica 建模仿真环境

在 Modelica 上所构建模型的仿真执行流程一般为“编译→分析→优化→C 代码生成→仿真→后处理”。其中，编译阶段将复杂物理的模型平坦化，铲平模型的层次结构，将模型转化为一组平坦的方程、常量、参数和变量。分析优化阶段检查方程是否相容，若不相容则找出问题根源，以便用户校正模型；若相容则进行简化以减少方程个数，为仿真求解做准备。仿真求解时，根据方程的参数依赖关系，结合数值求解包提供的函数，形成模型的求解流程和控制策略，并生成 C 代码求解器，通过编译运行 C 程序实现模型求解。

2. Modelica 标准库

Modelica 标准库包含了很多描述不同特定领域的模型库，各类模型库与部件如表 2-2 所示。

表 2-2 Modelica 标准库

库名	功能	部件
Modelica.Blocks (框图类)	用以进行因果性的框图模型的建模	• 输入端口(Real、Integer 以及 Boolean) • 输出端口(Real、Integer 以及 Boolean) • 增益模块、加法器模块、乘法模块 • 积分与微分模块 • 死区以及滞回模块 • 逻辑及关系运算模块 • 多路复用器和多路分配器模块
Modelica.Electrical (电气类)	用于描述模拟、数字以及多相的电子系统，包含多种对信号进行操作的模块	• 电阻、电容、电感 • 电压源和电流源 • 电压和电流传感器 • 晶体管以及其他半导体相关模型 • 二极管与开关 • 逻辑门 • 星形与三角连接(多相位) • 同步电机与异步电机 • 电机模型(直流电机、永磁电机等) • Spice3 模型
Modelica.Mechanics. Translational (机械类,一维平移)	用于模拟一维平移运动的组件模型	• 弹簧、减震器以及间隙 • 质点 • 传感器和执行器 • 摩擦
Modelica.Mechanics. Rotational (机械类,一维旋转)	用于模拟一维旋转运动的组件模型	• 弹簧、减震器以及间隙 • 惯量 • 离合器和制动器 • 齿轮机构 • 传感器和执行器
Modelica.Mechanics. MultiBody (机械类,多体)	用于模拟三维机械系统的组件模型	• 物体(包括相关的惯性张量和 3D CAD 几何结构) • 关节(如菱形关节、回转关节、万向关节) • 传感器和执行器
Modelica.Media (介质类)	包括各种介质的属性模型，为计算各种纯液体和混合物的流体性质(如焓，密度和比热比)提供了函数	• 理想气体(基于 NASA 格伦系数) • 空气(干燥空气、参考状态空气、潮湿空气) • 水(简单，含盐，两相) • 一般不可压缩流体 • R134a(四氟乙烷)制冷剂

续表

库名	功能	部件
Modelica.Fluid (流体类)	提供了一系列组件用以描述流体装置	• 容积、水箱与合流点 • 管道 • 泵 • 阀 • 压力损失 • 热交换器 • 源以及环境条件
Modelica.Thermal (热学类)	用于建立集总热网络模型	• 集总热容 • 热传导 • 热对流 • 热辐射 • 环境条件 • 传感器

2.3.3 Modelica 特点

(1) 基于方程的非因果建模。Modelica 采用基于数学方程的形式进行模型的构建，相对于赋值语句，方程体现不同的数据流向，更好地支持组件的复用。同时，由于方程本身具备陈述式非因果特性，在方程的声明过程中，并未限定方程的求解方向，使得可以依据需要进行特定变量的求解，从而保证 Modelica 的模型具备很强的复用性。

(2) 陈述式物理建模。Modelica 语言采用了陈述式设计思想，其软件组件模型通常依据实际系统物理结构进行构建。模型中的任一组件与实际物理元件相对应，模型组件之间的逻辑连接与物理元件之间的物理连接相对应。陈述式建模语言描述性较强，从而保证了复杂程序的可读性，也更加适用于大量的调试工作。

(3) 面向对象建模。Modelica 采用面向对象的方式进行建模，以类的形式进行数据的封装与组织。在建模的过程中，支持分层机制、组件连接机制、继承机制。其具备面向对象语言的通用特征，如支持类、泛型、子类型等特性，同时也提供了良好的组件模型，可以通过组件接口的连接，进行复杂物理系统模型的快速构建。

(4) 多领域统一建模。Modelica 可以满足多领域建模需求，包括电子电器、机械力学、热动力学、生物学、控制反馈、事件分析、实时仿真等一系列领域。Modelica 中的连接器是 Modelica 支持多领域统一建模的关键因素，在相同领域，组件之间的通信可以通过相同类型的领域连接器间的连接实现，而在不同领域，组件之间的通信则通过特定的领域连接转换器实现。

(5) 连续-离散混合系统建模。Modelica 中采用 DAE 来描述物理系统中的连续时变行为，如机械部件的运动、电路中的电压电流等。而对于离散型或瞬间发生的行为，Modelica 中则采用 if 结构或 when 结构进行表示。if 结构中的方程或语句在条件为 true 时的整个区间内都是有效的，其中的变量既可以是连续变量，也可以是离散变量；when 结构中的变量仅仅在条件由 false 变为 true 的瞬间被求值，在区间中保持常量，因此其中的变量是离散的。

2.4 Simulink

2.4.1 Simulink 简介

20 世纪 90 年代，MathWorks 软件公司为 MATLAB 研发了控制系统模型输入与仿真的工具 Simulab，此工具使得仿真软件进入模型图形化阶段，并很快在工业控制界获得广泛的认可。由于 Simulab 与面向对象的编程语言 Simula 命名相似，为便于区别，1992 年 Simulab 正式更名为 Simulink。

Simulink 是一个面向多领域仿真的建模工具，主要用于连续型系统、离散型系统和连续离散型混合系统建模与仿真。Simulink 模型的构建基于模块框图的形式，支持系统级设计、仿真、代码自动生成以及嵌入式系统的连续测试与验证。Simulink 模块框图是动态系统的图形显示，由一组称为模块的图标组成，模块之间可进行连接。模块相当于动态系统的功能单元，模块之间的连线表明模块的输入端口与输出端口之间的信号连接，所有的模块可以随时改变参数。Simulink 的每个模块对于用户来说都是一个“黑盒子”，用户不需要知道模块的内部是怎么形成的，只需要知道该模块有何作用、如何使用即可。在 Simulink 环境中，用户可以完全排除理论演绎时所做的设计，只需要观察显示出来的结果以及通过参数调节实时观察系统行为的变化。

Simulink 最早以工具库的形式集成在 MATLAB 5.3 版本中，是 MATLAB 系列工具软件包中最重要的组件之一。随着 MATLAB 的发展和成熟，Simulink 也相继出现了新的版本，其发展历程如图 2-6 所示。

2.4.2 Simulink 建模环境

Simulink 提供了可视化的图形用户界面。进入 MATLAB 环境，单击 Simulink 图标，会弹出 Simulink 浏览器窗口，如图 2-7 所示。单击 Blank Model 图标，弹出 Simulink 模型窗口界面，如图 2-8 所示。Simulink 主要由浏览器和模型窗口组成。Simulink 浏览器主要为用户提供一个展示 Simulink 基本模块库和专业工具箱的界面，而 Simulink 模型窗口则是用户创建模型框图的主要场所。

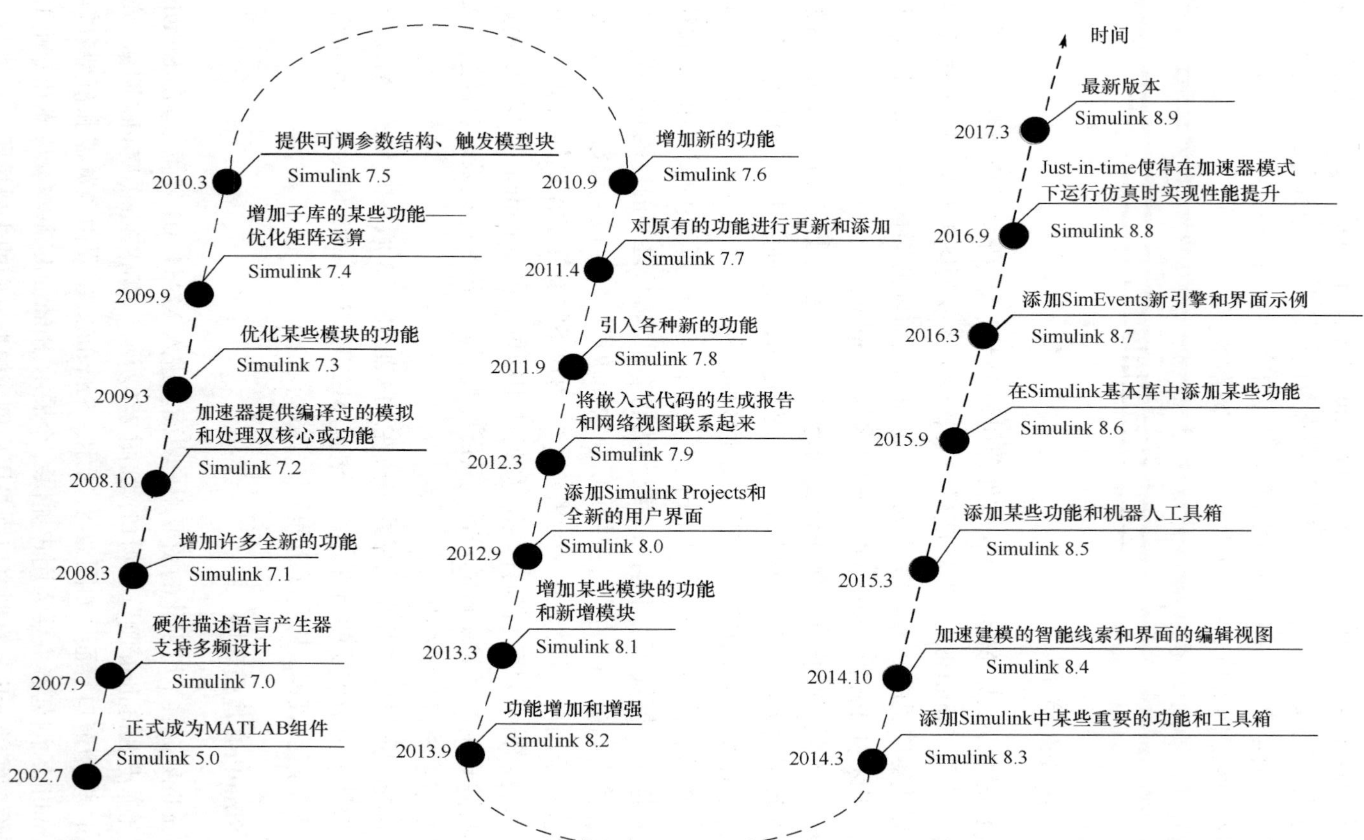

图2-6　Simulink工具发展历程

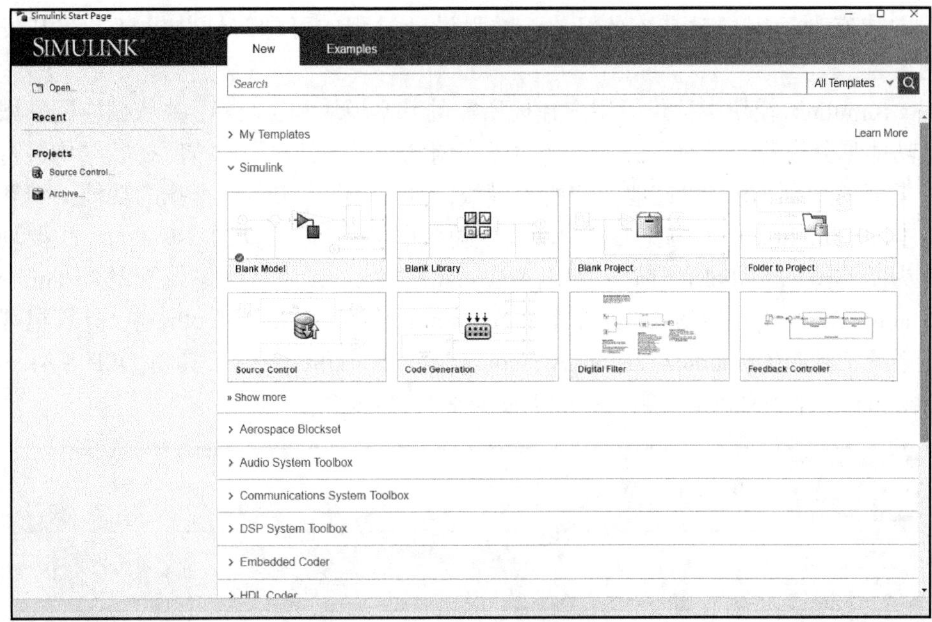

图 2-7　Simulink 浏览器窗口

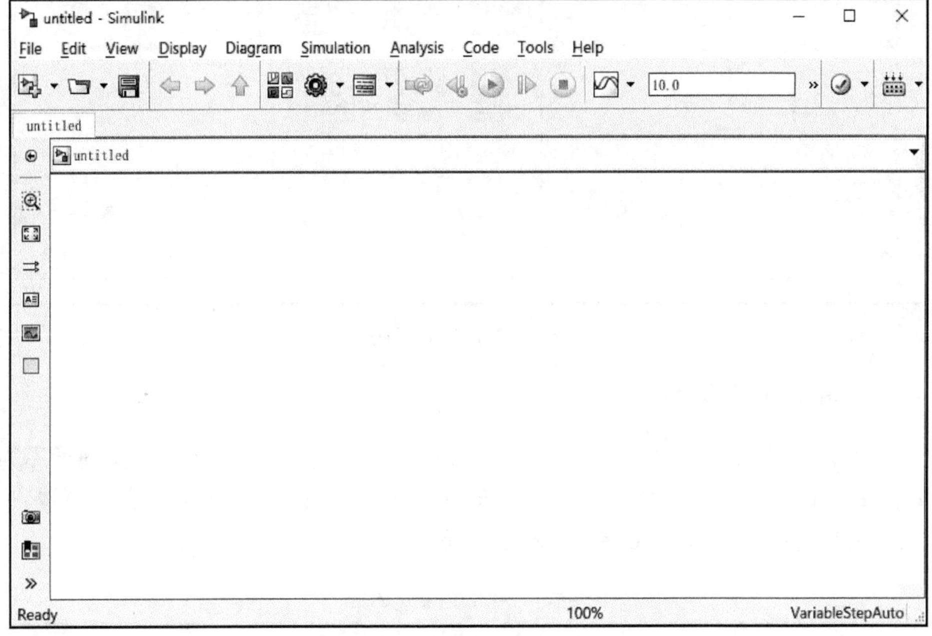

图 2-8　Simulink 模型窗口

用户在构建系统模型时只需要通过单击并拖动操作将模块库中的模块放入 Simulink 模型窗口，并通过模块之间的连接实现特定的功能。采用图形模块化编程方式有利于用户对系统的开发，增强设计过程的可理解性并提高系统开发的效率。

Simulink 模块库提供了用户建模所需的基本模块和工具箱，并依据应用领域及功能划分为若干子库。Simulink 通过库浏览器对各种模块库按照树状结构进行分类管理，以便用户快速地查询所需模块，同时提供了按名称查找的功能。最新版本的 Simulink 中库浏览器将模块库以树状图形式归类，如图 2-9 所示，主要划分为基本库(Simulink)、航空块组(Aerospace Blockset)、音频系统工具箱(Audio System Toolbox)、通信系统工具箱(Communications System Toolbox)、计算机视觉系统工具箱(Computer Vision System Toolbox)、DSP 系统工具箱(DSP System Toolbox)、神经网络工具箱(Neural Network Toolbox)等。

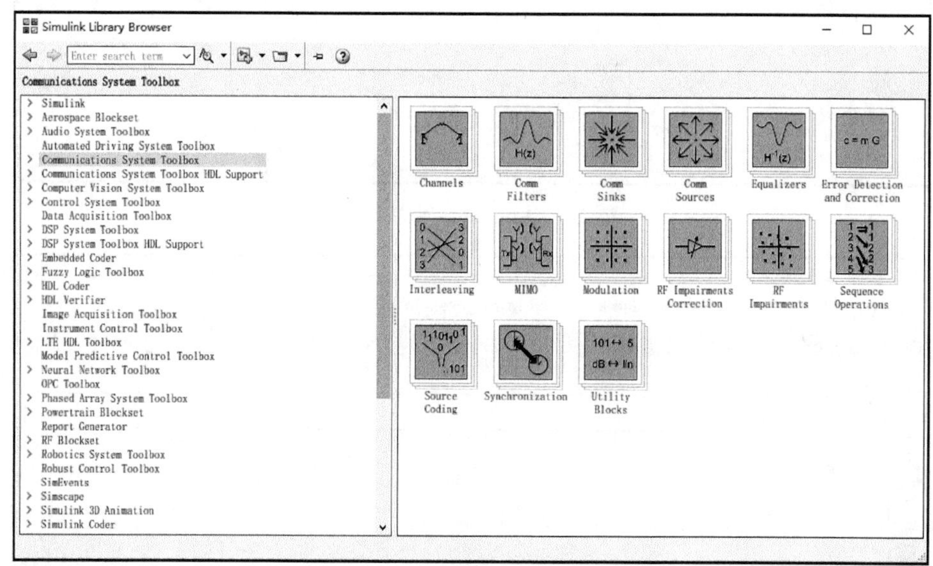

图 2-9　Simulink 模块库

1. Simulink 基本库

Simulink 基本库提供了 17 个子库，如表 2-3 所示。基本库中常见的子库为 Continuous(连续模块)、Discrete(离散模块)、Math Operations(数学运算模块)、Sinks(接收器模块)、Sources(输入源模块)等。

表 2-3　Simulink 基本库

子库名	功能
Commonly Used Blocks	为构建模型提供常用模块
Continuous	为仿真提供连续系统

续表

子库名	功能
Dashboard	为仿真提供连续元件
Discontinuities	为仿真提供离散系统
Discrete	为仿真提供离散元件
Logic and Bit Operation	提供逻辑和位操作元件
Lookup Tables	为仿真提供查询表
Math Operations	提供数学运算功能元件
Model Verification	提供检测功能模块
Model-Wide Utilities	为模型提供扩充模块
Ports & Subsystems	自定义函数和线形插值查表模块库
Signal Attributes	为仿真提供信号属性转变模块
Signal Routing	为仿真提供模块的信号路线
Sinks	为仿真提供输出设备元件
Sources	为仿真提供各种信号源
User-Defined Functions	为用户提供自定义函数模块
Additional Math &Discrete	可以增加数学和离散元件

进一步地，每个子库又包含具有同类功能的子模块，每个子模块实现不同的功能。模块是 Simulink 建模的基本元素，子库中的典型子模块如表 2-4 所示。

表 2-4　典型子模块

子库名	典型子模块	功能
Continuous	Integrator	连续积分器模块
Discontinuities	Saturation	定义输入信号的最大和最小值
Discrete	Discrete-Time Integrator	离散积分器模块
	Unit Delay	单位时间延迟
Logic and Bit Operation	Logical Operator	逻辑运算模块
	Relational Operator	关系运算，输出布尔型类型数据
Math Operations	Gain	增益模块
	Product	乘法器，执行标量、向量或矩阵的乘法
	Sum	加法器
Ports & Subsystems	Subsystem	创建子系统

续表

子库名	典型子模块	功能
Signal Attributes	Data Type Conversion	数据类型转换
Signal Routing	Bus Creator	将输入信号合并成向量信号
	Bus Selector	将输入向量分解成多个信号，输入只接受 Mux 和 Bus Creator 输出的信号
	Demux	将输入向量转换成标量或更小的标量
	Mux	将输入的向量、标量或矩阵信号合成
	Switch	选择器，根据第二个输入信号来选择输出第一个还是第三个
Sinks	Out1	输出模块
	Scope	输出示波器
	Terminator	终止输出，用于防止模型最后的输出端没有接任何模块时报错
Sources	Constant	输出常量信号
	In1	输入模块

2. 工具箱

MATLAB 和 Simulink 为不同应用领域设计了不同的工具箱(Toolbox)，如表 2-4 所示，以便满足不同领域中各类系统的建模仿真需求。

1) 并行计算类

并行计算领域常用工具箱包括 MATLAB Distributed Computing Server 和 Parallel Computing Toolbox 两个，具体功能如表 2-5 所示。

表 2-5　并行计算类

工具箱	功能
MATLAB Distributed Computing Server	满足在计算机集群和云上运行程序和模型，从而加快计算并解决大量问题
Parallel Computing Toolbox	用于多核处理器，多个运行模型并行执行，从而解决计算和数据密集型问题

2) 基于事件的建模类

基于事件的建模领域常用工具箱包括 SimEvents、Stateflow 两个，具体功能如表 2-6 所示。

表 2-6　基于事件的建模类

工具箱	功能
SimEvents	提供离散事件仿真引擎和组件库，用于分析事件驱动的系统模型，并优化延迟、吞吐量和数据包丢失等性能特征
Stateflow	是用于建模和模拟基于状态机和流程图的组合和顺序决策逻辑的环境，通过状态转换图、流程图、状态转换表和真值表，以模拟系统对事件基于时间的条件和外部输入信号的反应

3) 物理建模类

物理建模领域常用工具箱包含七个，各工具箱名和工具箱功能如表 2-7 所示。

表 2-7　物理建模类

工具箱	功能
Simscape	快速创建 Simulink 环境中的物理系统模型
Simscape Driveline	提供用于建模和模拟旋转与平移机械系统的组件库
Simscape Electronics	帮助开发电子和机电系统的控制算法，包括车身电子、飞机伺服机构和音频功率放大器
Simscape Fluids	提供用于建模和模拟流体系统的组件库
Simscape Multibody	为 3D 机械系统(如机器人、车辆悬架、施工设备和飞机起落架)提供一个多体仿真环境，也可以表示身体、关节、约束、力元素和传感器的块来建模多体系统
Simscape Multibody Link	用于从 SolidWorks®、AutodeskInventor®和 PTC®Creo™软件导出 CAD 组件的 CAD 插件
Simscape Power Systems	提供用于建模和模拟电力系统的组件库和分析工具

4) 数学、统计和优化类

数学、统计和优化领域常用工具箱包含七个，各工具箱名和工具箱功能如表 2-8 所示。

表 2-8　数学、统计和优化类

工具箱	功能
Curve Fitting Toolbox	用于将曲线和曲面拟合到数据中，也可以执行探索性数据分析，预/后处理数据等
Global Optimization Toolbox	主要用于优化问题，从而解决全局搜索、模式探索、遗传、粒子群等算法的全局方案的最值问题
Neural Network Toolbox	提供算法，预培训模型，模拟浅层、深层和卷积神经网络，图像分类、回归和特征学习的自动编码器
Optimization Toolbox	用于查找在满足约束条件下的最小化或最大化目标参数
Partial Differential Equation Toolbox	利用有限元分析求解偏微分方程，也可以解决扩散、传热、结构力学、静电等标准问题的 PDE 系统

续表

工具箱	功能
Statistics and Machine Learning Toolbox	提供监督和无监督的机器学习算法，包括支持向量机(SVM)； 提升和包装决策树、*k*-最近邻、*k*-均值、*k*-型、层次聚类、高斯混合模型和隐马尔可夫模型
Symbolic Math Toolbox	提供解决、绘制和操纵符号数学方程，也可以分析执行差异化、集成化、简化、转换和方程式求解

5) 控制系统类

控制系统领域常用工具箱包含七个，各工具箱名和工具箱功能如表 2-9 所示。

表 2-9　控制系统类

工具箱	功能
Aerospace Toolbox	提供参考标准、环境模型和空气动力系数导入，用于执行先进的航空航天分析，以开发和评估设计，也用于可视化车辆动力学
Control System Toolbox	提供用于系统分析、设计和调整线性控制系统的算法和应用程序；也可以将系统指定为传递函数、状态空间、零极点增益或频率响应模型，从而分析和显示时域和频域中的系统行为
Fuzzy Logic Toolbox	用于简单的逻辑规则对复杂系统行为进行建模，然后在模糊推理系统中实现分析、设计和模拟基于模糊逻辑的系统
Model Predictive Control Toolbox	用于系统地分析、设计和模拟模型预测控制器，通过调整重量和变化的约束来调节控制器性能
Robotics System Toolbox	提供开发自主移动机器人应用的算法和硬件连接，工具箱算法包括差分驱动机器人的地图表示、路径规划和路径跟踪
Robust Control Toolbox	提供用于分析和调整控制系统的功能模块，以便在影响因素不确定性的情况下实现性能和鲁棒性
System Identification Toolbox	提供识别技术，用于估计用户定义模型参数的灰箱系统识别，使用时域和频域输入输出数据来识别连续时间和离散时间传递函数、过程模型和状态空间模型

6) 信号处理和通信类

信号处理和通信领域常用工具箱包含十个，各工具箱名和工具箱功能如表 2-10 所示。

表 2-10　信号处理和通信类

工具箱	功能
Antenna Toolbox	提供天线元件和阵列的设计、分析和可视化功能以及用于模拟波束形成算法的辐射图
Audio System Toolbox	提供音频处理系统的设计、仿真和桌面原型设计的算法和工具，实现从低音延迟信号流传输到音频接口，交互式参数调整和自动生成数字音频工作站的音频插件

续表

工具箱	功能
Communications System Toolbox	提供通信系统的分析、设计、端到端仿真和验证的算法及应用程序；也用于星座和眼图、误码率以及其他分析工具和范围，用于验证设计
DSP System Toolbox	提供信号处理系统的设计、仿真和分析的算法、应用和范围，也可以为通信、雷达、音频、医疗设备、IoT 等实时 DSP 系统建模
LTE System Toolbox	提供通信系统的设计、仿真和验证，提供符合标准的功能和应用，加速 LTE 算法和物理层(PHY)开发，支持黄金参考验证和一致性测试，并支持测试波形生成
Phased Array System Toolbox	为雷达、声呐、无线通信和医疗成像应用中传感器阵列系统的设计、仿真和分析提供算法和应用
RF Toolbox	提供用于设计、建模、分析和可视化射频(RF)组件网络的功能、对象和应用程序，也可以进行无线通信、雷达和信号完整性项目
Signal Processing Toolbox	提供功能和应用程序来生成、测量、变换、过滤和可视化信号，也可以用于参数和线性预测建模算法
Wavelet Toolbox	提供用于分析和合成信号、图像和数据的功能和应用程序，也可以用于离散小波分析的算法和可视化
WLAN System Toolbox	为无线局域网通信系统的设计、仿真、分析和测试提供符合标准的功能，也为 IEEE 802.11ac 和 802.11b / a / g / n / j / p 标准提供可配置的物理层波形

7) 图像处理和计算视觉类

图像处理和计算视觉领域常用工具箱包含四个，各工具箱名和工具箱功能如表 2-11 所示。

表 2-11　图像处理和计算视觉类

工具箱	功能
Computer Vision System Toolbox	提供用于设计和模拟计算机视觉和视频处理系统的算法、功能和应用程序，也可以执行功能检测，提取和匹配，物体检测和跟踪，运动估计和视频处理
Image Acquisition Toolbox	提供功能模块，支持所有主要标准和硬件供应商，可以实现采集模式
Image Processing Toolbox	提供一套全面的参考标准算法和工作流应用程序，用于图像处理、分析、可视化和算法开发，执行图像分割、图像增强、降噪、几何变换、图像配准和 3D 图像处理。
Mapping Toolbox	支持使用来自 OpenStreetMap 和其他来源的动态地图显示 Web 地图

8) 计算金融学类

计算金融学领域常用工具箱包含八个，各工具箱名和工具箱功能如表 2-12 所示。

表 2-12 计算金融学类

工具箱	功能
Database Toolbox	提供使用关系数据库的功能和应用程序，支持 ODBC、JDBC 等连接数据库的方式，同时也支持非关系型数据库
Datafeed Toolbox	可以访问主要财务数据提供商的当前、日内、历史和实时市场数据
Econometrics Toolbox	提供经济数据建模，也可以选择和校准经济模型进行模拟和预测
Financial Instruments Toolbox	提供定价、建模和分析固定收益、信贷和权益工具组合，用于执行现金流建模，并获得曲线拟合分析，计算价格和敏感度，查看价格变化以及使用普通股权和固定收益建模方法进行套期保值分析
Financial Toolbox	提供财务数据的数学建模和统计分析，用于估算风险，分析利率水平、价格权益和利率衍生工具，并衡量投资业绩
Risk Management Toolbox	提供信用和市场风险的数学建模和模拟，可以评估企业和消费者的信用风险以及市场风险
Spreadsheet Link	将 Excel®电子表格软件与 MATLAB®工作区相连接，能够通过 Excel 电子表格访问 MATLAB 环境
Trading Toolbox	提供分析交易成本，访问交易和报价定价数据，定义订单类型以及向金融交易市场发送订单

9) 计算生物学类

计算生物学领域常用工具箱包含两个，各工具箱名和工具箱功能如表 2-13 所示。

表 2-13 计算生物学类

工具箱	功能
Bioinformatics Toolbox	为下一代测序(NGS)、微阵列分析、质谱和基因本体提供算法和应用，提供用于检测峰值的统计技术，为缺失数据估算值，并选择要素
Sim Biology	提供一个应用程序和程序化工具来模拟，模拟和分析动态系统，重点是药代动力学/药效学(PK / PD)和系统生物学应用

10) 测量和测试类

测量和测试领域常用工具箱包含四个，各工具箱名和工具箱功能如表 2-14 所示。

表 2-14 测量和测试类

工具箱	功能
Data Acquisition Toolbox	提供将 MATLAB 连接到数据采集硬件的功能
Instrument Control Toolbox	通过仪器驱动程序(如 IVI 和 VXIplug&play)连接到仪器，或通过基于文本的 SCPI 命令连接到通常使用的通信协议

续表

工具箱	功能
OPC Toolbox	访问实时和历史的 OPC 数据，也可以从设备读取、写入和记录 OPC 数据
Vehicle Network Toolbox	提供监视、过滤和分析现场 CAN 总线数据，或记录消息以供以后分析和重播，也可以模拟虚拟 CAN 总线上的消息流量或连接到实时网络或 ECU

2.4.3 Simulink 特点

(1) 支持动态系统模型的构建与仿真。Simulink 支持线性、非线性、连续、离散、多变量和混合式系统结构，可以用于分析几乎任何一种类型的真实动态系统。

(2) 可视化建模。Simulink 是一种图形化的仿真工具，以直观可视化的方式进行建模，可方便快捷地建立动态系统的框图模型。

(3) 丰富且可定制的模块库。Simulink 模块库中拥有超过 150 种不同模块，可用于构建不同类型的动态模型系统。模块可以被设定为触发和使能的，用于模拟大型系统模型中存在条件作用的子模型的行为。同时，Simulink 模块库是可定制的，可扩展用户自定义的系统模块。用户可以修改已有模块的图标，重新设定对话框，甚至换用其他形式的弹出菜单和复选框。Simulink 也允许用户将自己编写的 C、FORTRAN 等代码直接植入 Simulink 模型中。

(4) 快速、精准的仿真功能。Simulink 优秀的积分算法给非线性系统仿真带来了极高的精度。先进的常微分方程求解器可用于求解刚性和非刚性的系统、具有时间触发和不连续的系统以及具有代数环的系统。

(5) 系统模型分层构建。Simulink 的分层建模能力可保障有效建立起体系庞大、结构复杂的系统模型。整个系统可以按照自顶向下或自底向上的方式构建，子模型的层次数量取决于所构建的系统，不受软件自身的限制。

2.5 LabVIEW

2.5.1 LabVIEW 简介

LabVIEW(Laboratory Virtual Instrument Engineering Workbench)是美国国家仪器(NI)有限公司推出的虚拟仪器图形化软件开发平台。它采用一种用图标代替文本行创建应用程序的图形化编程语言。传统文本编程语言根据语句和指令的先后顺序决定程序执行顺序，而 LabVIEW 则采用数据流编程方式，程序框图中节点之间的数据流向决定了虚拟仪器(Virtual Instrument, VI)及函数的执行顺序。

LabVIEW 虚拟仪器的关键技术提供许多类似于传统仪器(如示波器、万用表等)的控件，有助于用户更加方便地创建界面。LabVIEW 中的用户界面被称为前面板。要使用 LabVIEW 上的图标和连线，可以通过图形化编程的方式对前面板上的对象进行控制。LabVIEW 的图形化源代码，又称 G 代码，其在某种程度上类似于流程图，因此又被称作程序框图代码。与 C 和 BASIC 一样，LabVIEW 也是通用的编程系统，有一个完成特定功能和编程任务的庞大函数库。LabVIEW 的函数库包括数据采集、GPIB、串口控制、数据分析、数据显示及数据存储等。同时，LabVIEW 也有传统的程序调试工具，例如，设置断点、以动画方式显示数据以及其子程序的结果、单步执行等，便于程序的调试。

LabVIEW 在最开始就是为测试和测量设计的，因此它在测试和测量的应用领域最为广泛。LabVIEW 具有丰富的关于测试和测量的工具包，用户只需要根据自己设计的测量测试应用程序的需求，调用相应功能的工具包中的函数，便可以有效地构建起所需的功能模型。

LabVIEW 中虚拟仪器是基于计算机的仪器，其依据模块化硬件特性，并结合软件特性完成各种应用中的测试、测量和自动化任务。自 1986 年以来，世界各国的工程师、科学家以及学者都将 LabVIEW 图形化开发工具的虚拟仪器技术用于产品设计周期的各个步骤和环节，以改善产品生产质量、缩短产品研发周期并提高产品生产效率。

20 世纪 70 年代末期，在美国应用研究实验室(Applied Research Laboratory)产生虚拟仪器(VI)概念的雏形，不久便形成了最初的 LabVIEW 1.0 版本。随着系统设计的规模变大，用户对 LabVIEW 的功能服务提出了更为迫切的需求，为此，在 LabVIEW 1.0 版本产生之后，LabVIEW 也在不断地发展，其发展历程如图 2-10 所示。

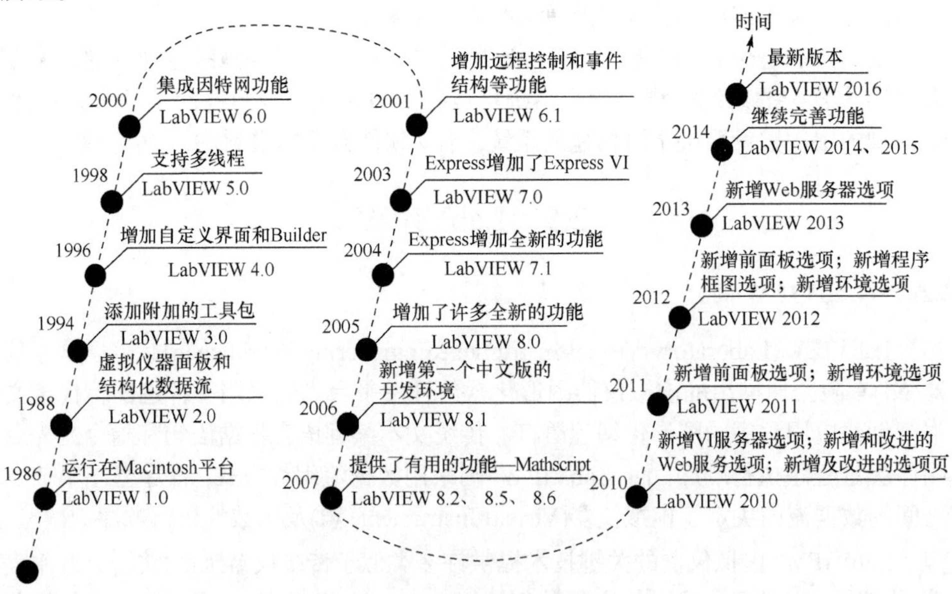

图 2-10　LabVIEW 发展历程

2.5.2　LabVIEW 建模环境

上述提到 LabVIEW 使用的虚拟仪器技术，其外观和操作均模仿现实仪器(如示波器和万用表)，所以 LabVIEW 程序可称为虚拟仪器(VI)。VI 由以下三部分构成：前面板(用户界面)、程序框图(包含用于定义 VI 功能的图形化源代码)、图标和连线板(用以识别 VI 的接口,以便在创建 VI 时调用另一个 VI)。若一个 VI 应用在其他 VI 中，则称为子 VI。子 VI 相当于文本编程语言中的子程序。LabVIEW 选板、工具和菜单可用来创建 VI 的前面板和程序框图，如图 2-11 所示。

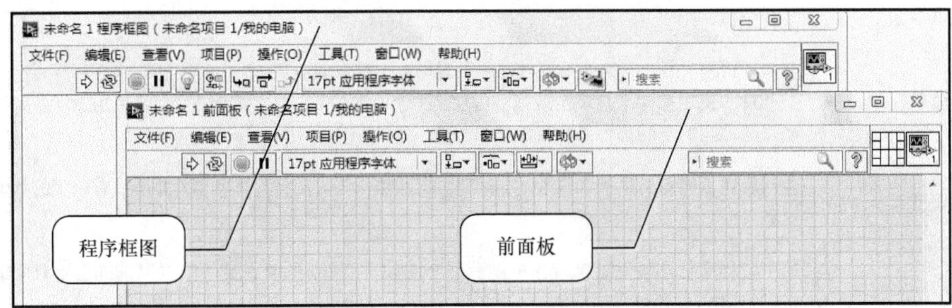

图 2-11　前面板与程序框图

LabVIEW 包含三种选板：控件选板、函数选板和工具选板。控件选板和函数选板可以自定义，同时还可以设置多种工作环境选项。

1. 控件选板

LabVIEW 有丰富的控件提供给用户使用，前面板是 VI 的人机交互界面，位于前面板中控件选板上的控件如图 2-12 所示，关键控件包括数值控件，滑动杆控

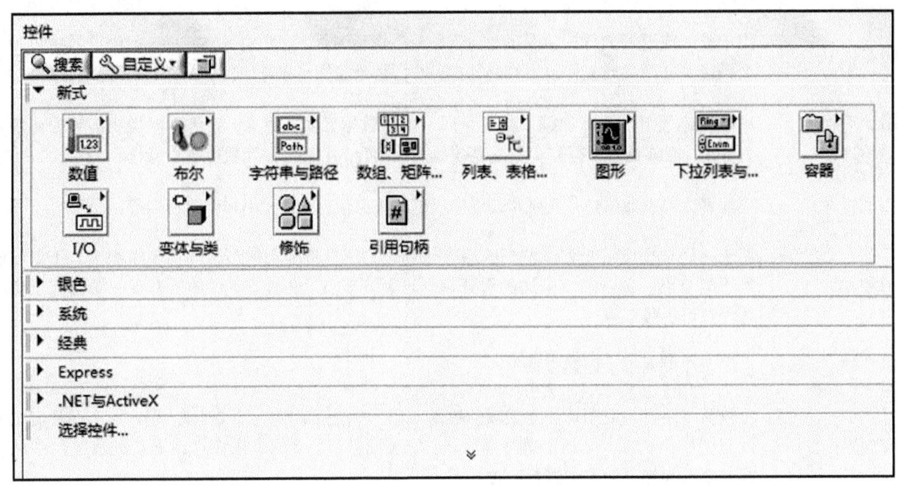

图 2-12　控件选板

件，滚动条控件，旋钮型控件，时间标识控件，图形与图表控件等。

LabVIEW 中各主要控件如表 2-15 所示。

表 2-15 LabVIEW 主要控件

控件名	功能
数值控件	输入和显示数值数据，前面板对象可在水平方向上调整大小，以显示更多位数
滑动杆控件	带有刻度的数值对象；滑动杆控件包括垂直和水平滑动杆、液罐和温度计，界面中可以任意移动位置，与数值控件中的操作类似，在数字显示框中输入新数据，尤其滑动杆控件可以显示多个值
滚动条控件	与滑动杆控件相似，滚动条控件是用于滚动数据的数值对象；滚动条控件有水平和垂直滚动条两种。使用操作工具单击或拖动滑块至一个新的位置，单击滚动按钮，或单击进度条和滚动按钮之间的空间都可以改变滚动条的值
旋钮型控件	包括旋钮、转盘、量表和仪表；旋转型对象的操作与滑动杆控件相似，都是带有刻度的数值对象
时间标识控件	用于向程序框图发送或从程序框图获取时间和日期值，同时在控件中可以选择设置时间的格式与精度
图形与图表控件	用于以图形和图表的形式绘制数值数据
布尔控件	用于输入并显示布尔值(TRUE/FALSE)
字符串控件	用于字符串的输入与输出，操作工具或标签工具可用于输入或编辑前面板上字符串控件中的文本。默认状态下，新文本或经改动的文本在编辑操作结束之前不会被传至程序框图。字符串控件为其文本选择显示类型，如以密码形式显示或十六进制数显示
组合框控件	可用来创建一个字符串列表，在前面板上可循环浏览该列表。组合框控件类似于文本型或菜单型下拉列表控件。需要注意，组合框控件是字符串型数据，而下拉列表控件是数值型数据
路径控件	用于输入或返回文件或目录的地址，如允许运行时拖放，则可从 Windows 浏览器中得到一个路径、文件夹或文件放置在路径控件中，路径控件与字符串控件的工作原理类似
数组、矩阵和簇控件	用于创建数组、矩阵和簇。数组是同一类型数据元素的集合；簇将不同类型的数据元素归为一组；矩阵是若干行列实数或复数数据的集合，用于线性代数等数学操作
列表框控件	可配置为单选或多选；多列列表可显示更多条目信息，如大小和创建日期等
树形控件	用于向用户提供一个可供选择的层次化列表。用户将输入树形控件的项组织为若干组项或若干组节点。单击节点旁边的展开符号可展开节点，显示节点中的所有项；单击节点旁的符号还可折叠节点
表格控件	可用于在前面板上创建表格
下拉列表控件	将数值与字符串或图片建立关联的数值对象；以下拉菜单的形式出现，用户可在循环浏览的过程中作出选择；可用于选择互斥项，如触发模式。例如，用户可在下拉列表控件中从连续、单次和外部触发中选择一种模式

续表

控件名	功能
枚举控件	用于向用户提供一个可供选择的项列表；类似于文本或菜单下拉列表控件，需要注意，枚举控件的数据类型包括控件中所有项的数值和字符串标签的相关信息，下拉列表控件则为数值型控件
选项卡控件	用于将前面板的输入控件和显示控件重叠放置在一个较小的区域内；由选项卡和选项卡标签组成；可将前面板对象放置在选项卡控件的每一个选项卡中，并将选项卡标签作为显示不同页的选择器；可使用选项卡控件组合在操作某一阶段需用到的前面板对象
子面板控件	用于在当前 VI 的前面板上显示另一个 VI 的前面板，例如，子面板控件可用于设计一个类似向导的用户界面；在顶层 VI 的前面板上放置上一步和下一步按钮，并用子面板控件加载向导中每一步的前面板
波形控件	可用于对波形中的单个数据元素进行操作；波形数据类型包括波形的数据、起始时间和时间间隔
数字波形控件	可用于对数字波形中的单个数据元素进行操作
数字数据控件	显示行列排列的数字数据；可用于创建数字波形或显示从数字波形中提取的数字数据；将数字波形数据输入控件连接至数字数据显示控件，可查看数字波形的采样和信号
.NET 和 ActiveX 控件	用于对常用的 .NET 或 ActiveX 控件进行操作

2. 函数选板

LabVIEW 类似于 C 语言、BASIC 语言，都是通用的编程系统，拥有类型丰富、能完成特定功能和编程任务的函数库。LabVIEW 函数选板如图 2-13 所示，

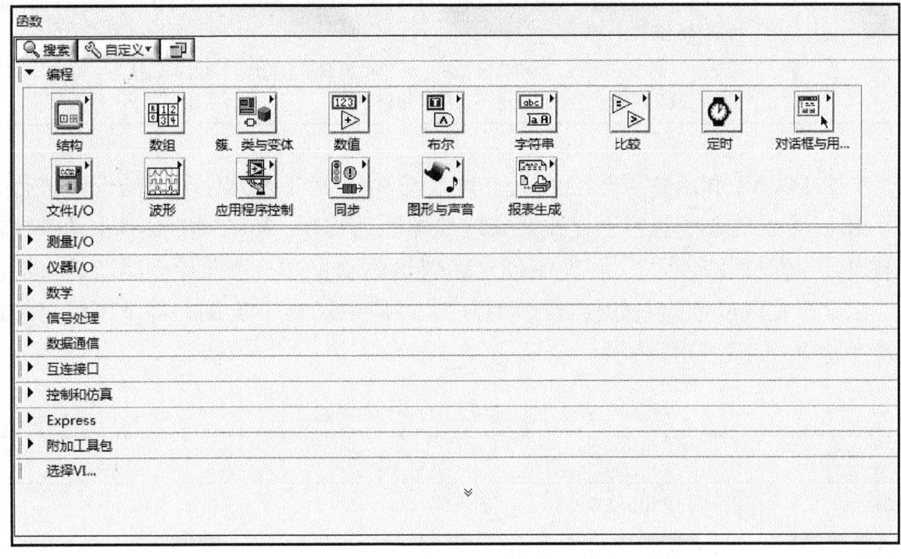

图 2-13　函数选板

函数选板中函数分为十个大类：编程、测量 I/O、仪器 I/O、数学、信号处理、数据通信、互连接口、控制与仿真、Express 以及附加工具包。

编程 VI 和函数是创建 VI 的基本工具，如表 2-16 所示。

表 2-16　编程 VI 和函数

类别	功能
报表生成 VI	用于 LabVIEW 应用程序中报表的创建，以及选板中的 VI 在书签位置插入文本、标签和图形
比较函数	用于对布尔值、字符串、数值、数组和簇的比较
波形 VI 和函数	用于生成波形(波形值、通道、定时以及设置和获取波形的属性和成分)
布尔函数	用于对单个布尔值或布尔数组进行逻辑操作
簇、类与变体 VI 和函数	使用簇、类和变体 VI/函数创建和操作簇和 LabVIEW 类，将 LabVIEW 数据转换为独立于数据类型的格式、为数据添加属性，以及将变体数据转换为 LabVIEW 数据
定时 VI 和函数	用于控制运算的执行速度并获取基于计算机时钟的时间和日期
对话框与用户界面 VI 和函数	用于创建提示用户操作的对话框
结构	结构用于创建 VI
数值函数	对数值创建执行算术及复杂的数学运算，或将数从一种数据类型转换为另一种数据类型。初等与特殊函数选板上的 VI 和函数用于执行三角函数和对数函数
数组函数	用于数组的创建和操作
同步 VI 和函数	用于同步并行执行的任务并在并行任务间传递数据
图形与声音 VI	用于创建自定义的显示、从图片文件导入导出数据以及播放声音
文件 I/O 和函数	用于打开和关闭文件、读写文件、在路径控件中创建指定的目录和文件、获取目录信息、将字符串、数字、数组和簇写入文件
应用程序控制 VI 和函数	用于通过编程控制位于本地计算机或网络上的 VI 和 LabVIEW 应用程序。此类 VI 和函数可同时配置多个 VI
字符串函数	用于合并两个或两个以上字符串、从字符串中提取子字符串、将数据转换为字符串、将字符串格式化用于文字处理或电子表格应用程序

仪器 I/O VI 和函数可与 GPIB、串行、模块、PXI 及其他类型的仪器进行交互。NI 仪器驱动查找器用于查找并安装仪器驱动程序。如在 NI 仪器驱动查找器中未找到仪器的驱动程序，可使用创建新仪器驱动程序项目向导创建新的仪器驱动。如没有发现或创建新的仪器驱动程序，可使用仪器 I/O 助手与基于消息的设备进行通信，如表 2-17 所示。

表 2-17　仪器 I/O VI 和函数

类别	功能
GPIB 函数	用于与 GPIB(IEEE-488)设备进行通信
VISA VI 和函数	用于对使用 VISA 的仪器编程

续表

类别	功能
串口 VI 和函数	用于访问与连接至串口的设备进行通信的 VISA VI 和函数。其他函数见 VISA 选板
仪器驱动程序 VI	可用于对 GPIB、串行、模块、PXI 以及其他类型的仪器配置、控制并从中获得数据。NI 仪器驱动查找器用于查找并安装仪器驱动程序。如未找到仪器的驱动程序，可使用创建新仪器驱动程序项目向导创建新的仪器驱动。如没有创建新的仪器驱动程序，可使用仪器 I/O 助手与基于消息的设备进行通信

数学 VI 用于进行多种数学分析。数学算法也可与实际测量任务相结合来解决在实际编写系统中的问题，如表 2-18 所示。

表 2-18　数学 VI

类别	功能
Real-Time 分析工具 VI	用于处理 RT 应用程序中分析函数使用的资源
初等与特殊函数和 VI	用于常见数学函数的运算
多项式 VI	用于进行多项式的计算和求解
概率与统计 VI	用于执行概率、叙述性统计、方差分析和插值函数
积分与微分 VI	用于执行积分和微分操作
几何 VI	用于进行坐标和角运算
脚本与公式 VI	用于计算程序框图中的数学公式和表达式
内插与外推 VI	可用于进行一维和二维插值、分段插值、多项式插值和傅里叶插值
拟合 VI	用于进行曲线拟合的分析或回归运算
数值函数	可对数值创建执行算术及复杂的数学运算，或将数从一种数据类型转换为另一种数据类型。初等与特殊函数选板上的 VI 和函数用于执行三角函数和对数函数
微分方程 VI	用于求解微分方程
线性代数 VI	用于进行矩阵相关的计算和分析
最优化 VI	用于确定一维或 n 维实数的局部最大值和最小值

信号处理 VI 用于执行信号生成、数字滤波、数据加窗以及频谱分析，如表 2-19 所示。

表 2-19　信息处理 VI

类别	功能
变换 VI	用于实现信号处理中的常见变换。LabVIEW 快速傅里叶变换（FFT）VI 使用特殊输出单位和缩放因子
波形测量 VI	用于执行常见的时域和频域测量(例如，直流、RMS、单频频率/幅值/相位、谐波失真、SINAD 以及平均 FFT 测量)

续表

类别	功能
波形生成 VI	用于生成各种类型的单频和混合单频信号、函数发生器信号及噪声信号
波形调理 VI	用于执行数字滤波和加窗
窗 VI	用于实现平滑窗并执行数据加窗
滤波器 VI	用于实现 IIR、FIR 及非线性滤波器的相关操作
谱分析 VI	用于在频谱上执行数组的相关分析
信号生成 VI	用于生成描述特定波形的一维数组；生成的是数字信号和波形
信号运算 VI	用于信号操作并返回输出信号
逐点 VI	用于方便而有效地逐点处理数据

数据通信 VI 和函数用于在不同的应用程序间交换数据，如表 2-20 所示。

表 2-20　数据通信 VI 和函数

类别	功能
DataSocket VI 和函数	用于以编程方式在 VI 间传递数据
EPICS VI	通过 EPICS 通信协议在应用程序之间交换数据
Modbus VI	使用 Modbus VI 创建 Modbus 主设备和从设备，并在 Modbus 从设备上执行读写操作
OPC UA VI	使用 OPC UA VI 创建自定义 OPC UA 服务器应用或 OPC UA 客户端应用；OPC UA Server VI 和 OPC UA Client VI 可用于在 OPC UA 客户端和 OPC UA 服务器应用间传输数据
操作者框架 VI	用于基于操作者框架创建应用程序
队列操作函数	用于创建在同一程序框图的不同部分间或不同 VI 间进行数据通信的队列
共享变量节点、VI 和函数	通过共享变量节点、VI 和函数可在 VI 或无法连线的位置间共享数据
同步 VI 和函数	用于同步并行执行的任务并在并行任务间传递数据
协议 VI 和函数	采用 TCP/IP、UDP、串口、红外线、蓝牙、SMTP 等协议实现应用程序间的数据交换

互连接口 VI 和函数用于 .NET 对象、已启用 ActiveX 的应用程序、输入设备、注册表地址、源代码控制、Web 服务、Windows 注册表项和其他软件，如表 2-21 所示。

表 2-21　互连接口 VI 和函数

类别	功能
.NET 函数	用于创建 .NET 对象，设置该对象的属性或调用其方法，以及在 .NET 环境中处理对象事件;也可在前面板上创建 .NET 控件

续表

类别	功能
ActiveX 函数	用于与其他支持 ActiveX 的应用程序(例如，Microsoft Excel)间传递属性和方法。有些程序以自描述性数据类型(即变体)的格式提供 ActiveX3 数据。如需在 LabView 中查看或处理数据，必须先用变体至数据转换函数将该数据转换为 LabView 数据类型
Web 服务 VI	通过 Web 服务 VI 可创建和配置 LabView Web 服务应用程序中的顶层 VI; 通过 Web 服务通信可接受和处理 Web 客户端的 HTTP 请求、创建 HTTP 会话或进行其他任务
Windows 注册表访问 VI	用于创建、打开、查询、枚举、关闭及删除 Windows 注册表项; 也可枚举、读取、写入及删除 Windows 注册表项的值
库与可执行程序 VI 和函数	用于从库调用代码，例如，动态链接库(DLL)，在其他应用程序中操作 LabView 数据，以及调用文本编程语言所编写的代码
输入设备控制 VI	用于获得已连接到计算机的操纵杆、键盘或鼠标的信息
源代码控制 VI	用于对 LabView 源代码控制进行常用操作; 使用源代码控制 VI 前必须配置 LabVIEW 以使用第三方源代码控制软件

控制和仿真 VI 可用于设计、分析、仿真以及部署动态系统模型，如表 2-22 所示。

表 2-22　控制和仿真 VI

类别	功能
PID VI	使用 PID VI 可实现比例-积分-微分(PID)控制应用。PID 选板上的前三个 VI 是不同版本的 PID VI。这些 VI 可根据应用程序需求交替使用。将 PID 选板上的其他 VI 与 PID VI 配合使用可实现额外功能
模糊逻辑 VI	通过模糊逻辑 VI 可设计和控制模糊系统; 也可通过模糊系统设计器交互式设计模糊系统; 使用模糊逻辑可为要求控制多个输入的系统实现基于规则的控制

Express VI 和函数用于创建常规测量任务，如表 2-23 所示。

表 2-23　Express VI 和函数

类别	功能
输出 Express VI	用于将数据保存到文件、生成报表、输出实际信号，与仪器通信以及向用户提示信息
输入 Express VI	用于收集数据、采集信号或仿真信号
算术与比较 Express VI	用于执行算术运算，以及对布尔、字符串及数值进行比较
信号操作 Express VI	用于对信号进行操作，以及执行数据类型转换
信号分析 Express VI	用于进行波形测量、波形生成和信号处理
执行过程控制 Express VI 和函数	可用在 VI 中添加定时结构，控制 VI 的执行过程

3. 工具选板

在 LabVIEW 的图形化编程语言中，鼠标是主要的编程环境交互工具，即各种操作任务通过鼠标完成，如选择、连线、高亮文本等。如图 2-14 所示为 LabVIEW 工具选板。

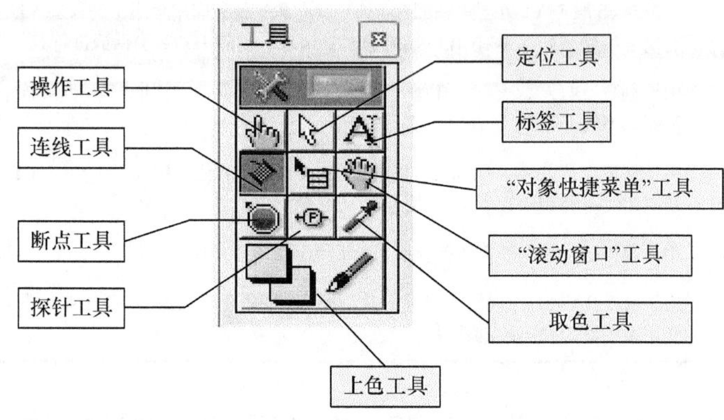

图 2-14　工具选板

操作工具：用于改变控件的值。

定位工具：用于选择或调整对象大小(如鼠标移至对象的调节尺寸节点上，光标将显示为重新调整大小模式)。

标签工具：用于在输入控件中输入文本、编辑文本和创建自由标签。当鼠标移至控件内部时，光标会自动变成标签工具。单击使光标位于控件内部，双击选中当前文本。如鼠标位于前面板或程序框图中不可使用工具的位置，光标显示为十字线。如启用了自动选择工具，双击任意空白处可打开标签工具来创建自由标签。

连线工具：用于连接程序框图上的对象。当鼠标移至接线端的输出/输入端或连线上时，光标自动变为连线工具。连线工具主要用于程序框图窗口，以及在前面板窗口中创建连线板。

“对象快捷菜单”工具：用于通过单击打开对象的快捷菜单。在 LabVIEW 中，右击对象也可打开对象的快捷菜单。

“滚动窗口”工具：用于在不使用滚动条的情况下滚动窗口。

断点工具：用于在 VI、函数、节点、连线和结构中设置断点，使其在断点处暂停运行。

探针工具：用于在程序框图的连线上创建探针。使用探针工具可即时查看出现问题或意外结果的 VI 中的值。

上色工具：用于为对象上色。同时，该工具还显示当前的前景和背景色。

取色工具: 用于获取颜色, 然后通过上色工具上色。

2.5.3 LabVIEW 特点

(1) 通过软件控制仪器。LabVIEW 中虚拟仪器没有常规仪器的控制面板, 而是利用计算机强大的图形环境, 采用可视化的图形编程语言和平台, 以在计算机屏幕上建立图形化的软面板来替代常规的传统仪器面板。软面板上具有与实际仪器相似的旋钮、开关、指示灯及其他控制部件。在操作时, 用户通过鼠标或键盘操作软面板, 来检验仪器的通信和操作。

(2) 仪器功能灵活定制。用户可以根据自己的需要灵活地定义虚拟仪器的功能, 通过不同功能模块的组合可构成多种仪器, 而不必受限于仪器厂商提供的特定功能。同时, LabVIEW 集成了与满足 GPIB、VXI、RS-232 和 RS-485 协议的硬件及数据采集卡通信的全部功能。它还内置了便于应用 TCP/IP、ActiveX 等软件标准的库函数。通过 LabVIEW 可以方便地建立自己的虚拟仪器, 其图形化的界面使得编程及使用过程都生动有趣。

(3) 硬件局限性低。由于虚拟仪器关键在于软件层面的实现, 硬件的局限性较低, 因此与其他仪器设备的连接比较容易实现。而且虚拟仪器可以方便地与网络、外设及其他应用连接, 还可利用网络进行多用户数据共享。

(4) 数据存储及处理能力强。虚拟仪器可实时、直接地对数据进行编辑, 也可通过计算机总线将数据传输到存储器或打印机。这样做一方面解决了数据的传输问题, 另一方面充分利用了计算机的存储能力, 从而使虚拟仪器具有几乎无限的数据记录容量。

(5) 可视化建模环境。虚拟仪器利用计算机强大的图形用户界面(GUI), 用计算机直接读数。根据工程的实际需要, 使用人员可以通过软件编程或采用现有分析软件, 实时、直接地对测试数据进行各种分析与处理。

(6) 研发成本低。虚拟仪器价格低, 而且其基于软件的体系结构还大大节省了开发和维护费用。

2.6 Multisim

2.6.1 Multisim 简介

Multisim 最初是由加拿大图像交互技术 (Interactive Image Technologic, IIT) 公司在电子线路仿真的虚拟电子工作平台(Electronic Workbench, EWB)的基础上推出的电子电路仿真设计软件, 后被美国国家仪器(NI)公司收购, 更名为 NI

Multisim。Multisim 是少数基于美国加州大学伯克利分校 SPICE 模拟算法的仿真软件之一，可以对数字电路、模拟电路及数字模拟混合电路等进行仿真。同时 Multisim 集成了 LabVIEW 和 SignalExpress，可快速进行原型开发和测试设计，并提供符合行业标准的交互式测量和分析功能。目前，Multisim 最新版本是 NI Multisim 14.0。

NI Multisim 通过软件的方式来虚拟电子与电工元器件、仪器和仪表，实现了"软件即元器件""软件即仪器"。NI Multisim 的元器件库包含有数千种电路元器件供实验选用，同时也可以自定义新的元件，从而扩充已有的元器件库。NI Multisim 的虚拟测试仪器仪表种类丰富并且功能齐全，有一般的通用仪器，如万用表、函数信号发生器、双踪示波器、直流电源等；也有特殊仪器，如波特图仪、字信号发生器、逻辑分析仪、逻辑转换器、失真仪、频谱分析仪和网络分析仪等。

NI Multisim 具有十分强大的电路分析功能，可以完成电路的瞬态分析和稳态分析、时域和频域分析、器件的线性和非线性分析、电路的噪声分析和失真分析、离散傅里叶分析、电路零极点分析、交直流灵敏度分析等。

NI Multisim 可以设计、仿真和测试各种电子电路，包括电工学、模拟电路、数字电路、射频电路及微控制器和接口电路等。在仿真的同时，可以对被仿真的电路中的元器件设置各种故障，从而观察不同故障情况下的电路工作状况。除此之外，软件还可以显示和存储各个仪器的工作状态、波形及具体数据等。NI Multisim 还具有丰富的 Help 功能，其 Help 系统不仅包含软件本身的操作指南，而且还介绍了各元器件的功能。更重要的是，NI Multisim 还提供了与国内外流行的印刷电路板设计自动化软件 Protel 及电路仿真软件 PSPICE 之间的文件接口，也能通过 Windows 的剪贴板把电路图送往文字处理系统中进行编辑排版，并且支持 VHDL 和 Verilog HDL 的电路仿真与设计。

NI Multisim 简单易学，便于各个相关专业的学生开展综合性的设计和实验，既可以让学生学会设计和调试电路，又可以激发学生的积极性，培养综合分析、开发和创新的能力。

自 20 世纪 80 年代起，Multisim 经过了 30 余年的发展，期间，Multisim 的功能在不断地更新与扩展，各个版本之间存在着显著的差异，Multisim 的发展历程如图 2-15 所示。

2.6.2　Multisim 建模环境

NI Multisim 的仿真环境以图形界面为主，采用菜单、工具栏和热键相结合的方式，具有一般 Windows 应用软件的界面风格，用户可以很方便地使用该仿真工具。NI Multisim 主窗口界面如图 2-16 所示，主要包含菜单栏、各种工具栏、状态栏、项目管理区及电路图编辑区，用户可以借助这些工具和菜单栏实现电路图的输入、编辑，并根据需要进行相应的测试与分析。

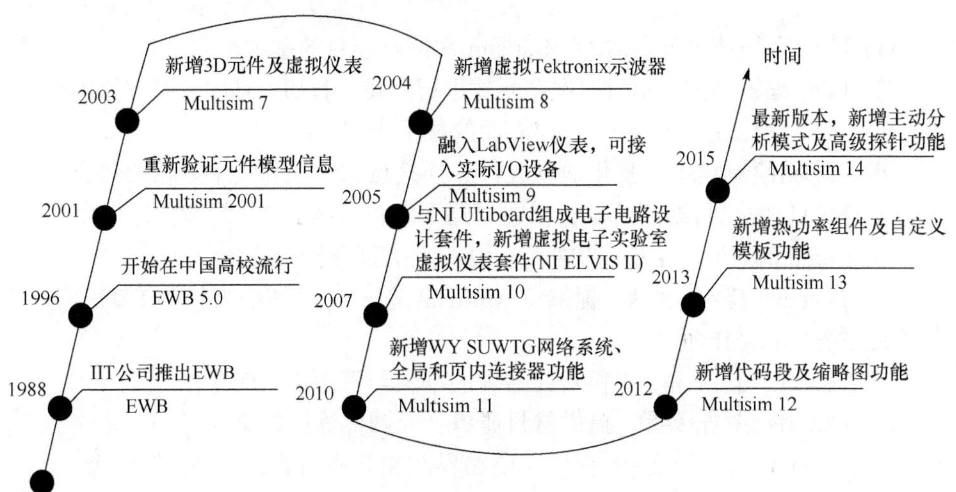

图 2-15 Multisim 发展历程

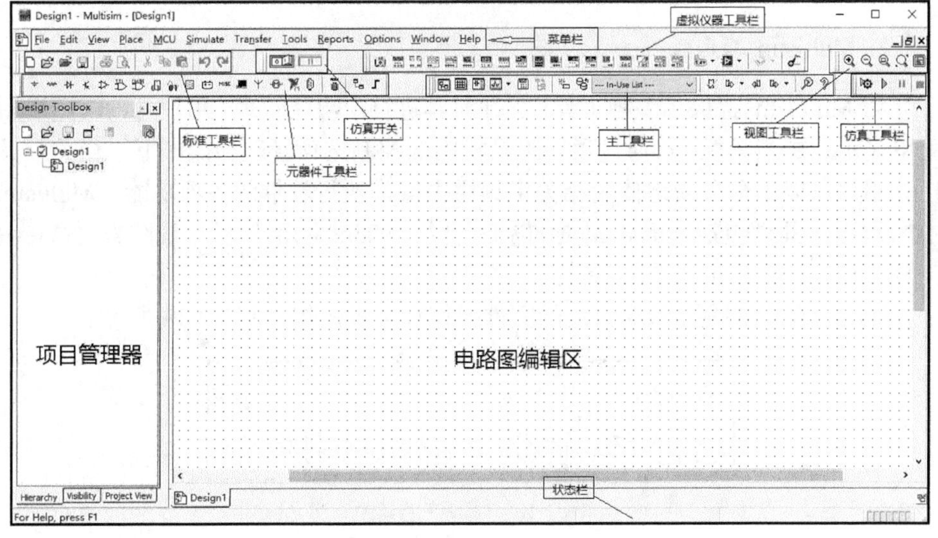

图 2-16 Multisim 主界面

1. Multisim 菜单栏

Multisim 菜单栏如图 2-17 所示，它既包含一般 Windows 平台应用软件的常用选项，如文件、编辑、视图、选项、工具等，又包含 EDA 软件专用的一些选项，如仿真、MCU 等。

File Edit View Place MCU Simulate Transfer Tools Reports Options Window Help

图 2-17　Multisim 菜单栏

(1) File (文件)菜单：包含对 Multisim 文件及项目的基本操作。

(2) Edit (编辑)菜单：提供对电路元件进行翻转、剪切、粘贴、对齐等操作。

(3) View (视图)菜单：控制操作界面的显示内容。

(4) Place (绘制)菜单：提供放置元件、连接点、总线和文字等相关命令。

(5) MCU (微控制器)菜单：提供在电路图编辑区内 MCU 的调试操作命令。

(6) Simulate (仿真)菜单：提供仿真设置及仿真分析相关命令。

(7) Transfer (转换)菜单：提供将 Multisim 格式文件转换为其他 EDA 软件所支持文件格式的操作命令。

(8) Tools (工具)菜单：提供对元器件的编辑与管理相关命令。

(9) Reports (报告)菜单：提供材料清单、元器件等报告命令。

(10) Options (选项)菜单：提供对电路界面和某些功能的相关设置命令。

(11) Window (窗口)菜单：提供对窗口的相关命令，如层叠、平铺等。

(12) Help (帮助)菜单：提供使用指导说明及在线帮助等操作命令。

2. Multisim 工具栏

NI Multisim 提供了多种工具栏，并对其进行层次化管理，用户可以通过视图菜单显示顶层工具栏，再通过顶层工具栏中的控制选项管理和操作下层相关工具栏。用户可以十分方便地使用相关工具栏去操作执行软件的各项功能。Multisim 中的常用工具栏包括 Standard(标准)工具栏、Main(主)工具栏、视图查看(View)工具栏和 Simulation (仿真)工具栏。

(1) “标准”工具栏：包含常见的文件操作和编辑操作，如图 2-18 所示。

图 2-18　“标准”工具栏

(2) “主”工具栏：用于控制文件、数据、元件等的显示操作，如图 2-19 所示。

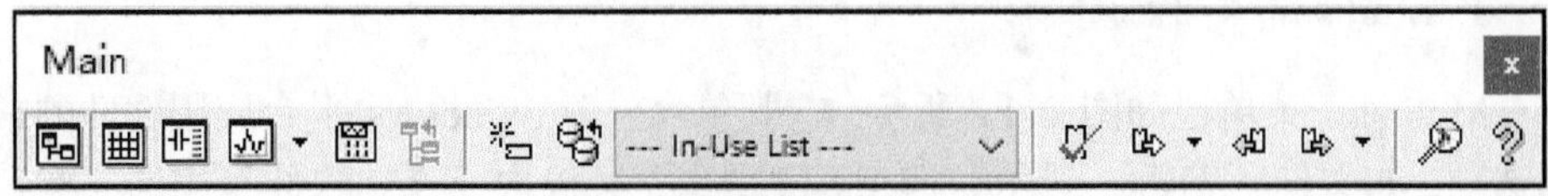

图 2-19　“主”工具栏

(3) “仿真”工具栏：用于控制电路仿真的开始、暂停和结束，如图 2-20 所示。

(4) “视图”工具栏：可以调整所编辑电路的视图大小，如图 2-21 所示。

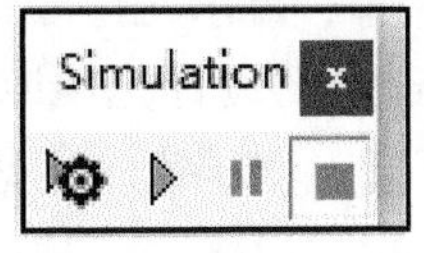

图 2-20　“仿真”工具栏

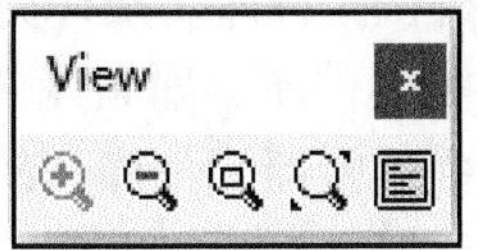

图 2-21　“视图”工具栏

3. Multisim 元件库

EDA 软件的质量由其所能提供的元器件模型数量及精确性决定。NI Multisim 为用户提供丰富而准确的元器件，同时还提供自定义元件功能，使得用户能够自己添加所需元器件。NI Multisim 以库的形式管理元器件，数据库管理器如图 2-22 所示，其中包含三个数据库,分别为 Master Database(主数据库)、Corporate Database(企业数据库)和 User Database(用户数据库)。

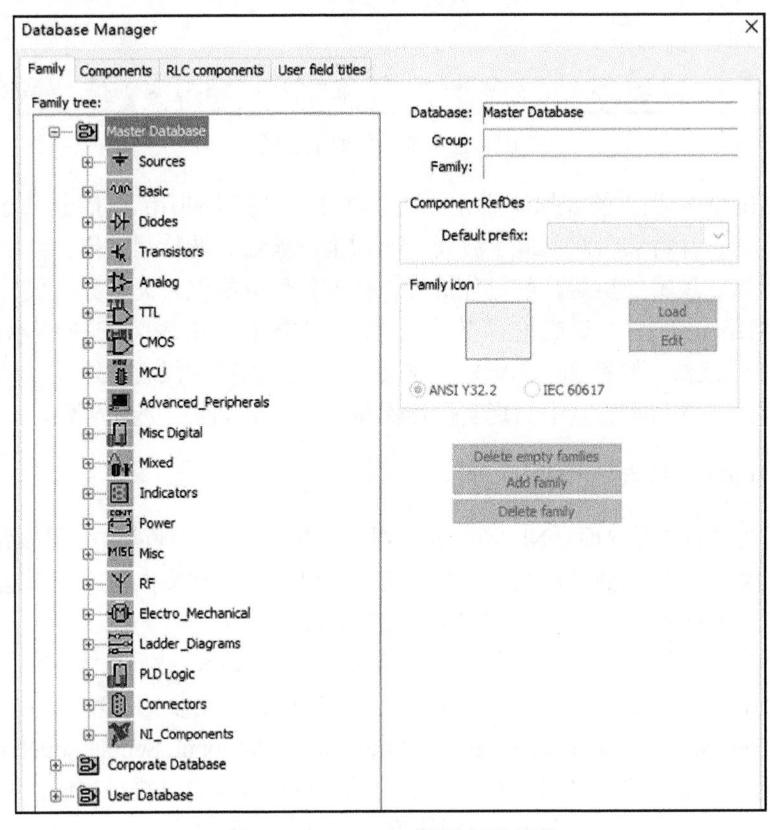

图 2-22　Multisim 数据库管理器

(1) 主数据库: 包含 20 个元件库, 如信号源库、基本元件库、二极管元件库、晶体管元件库、模拟元件库、TTL 元件库、CMOS 元件库、MCU 模块元件库、高级外围元件库、杂合类数字元件库、混合元件库、显示元件库、功率器件库、杂合类器件库、射频元件库、机电类元件库、梯形图设计元件库、PLD 逻辑器件库、连接器元件库、NI 元件库。各元件库下还包含子库。主数据库的元件可通过元器件工具栏进行选择操作。

(2) 企业数据库: 用于存放便于企业团队设计的一些特定元件, 该库仅在专业版中存在。

(3) 用户数据库: 为用户自建元器件提供的数据库。

4. Multisim 虚拟仪器库

测试、分析和判断电路设计结果是否合理, 是 EDA 软件的主要功能之一。为此, NI Multisim 为用户提供了 20 种类型丰富的虚拟仪器, 用户可以通过虚拟仪器工具栏对这些虚拟仪器进行选择与操作, 虚拟仪器工具栏如图 2-23 所示。

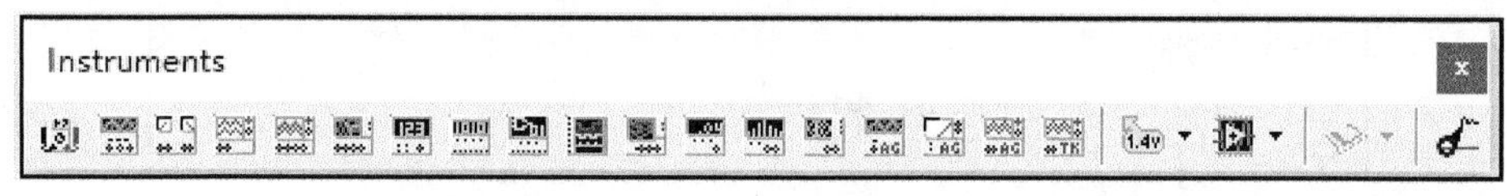

图 2-23 虚拟仪器工具栏

NI Multisim 提供的虚拟仪器经常在电路分析过程中使用, 包括虚拟万用表、函数发生器、瓦特表、双通道示波器、四通道示波器、波特测试仪、频率计、字信号发生器、逻辑变换器、逻辑分析仪、伏安特性分析仪、失真分析仪、频谱分析仪、网络分析仪、安捷伦函数发生器、安捷伦万用表、安捷伦示波器、Tektronix 示波器、探针和 LabVIEW 仪器。这些虚拟仪器仪表的外观、参数设置及使用方法基本与实验室中的真实仪器保持一致, 并且使用更为方便。

2.6.3 Multisim 特点

(1) 直观的图形界面。NI Multisim 继承了原 EWB 直观简洁的图形界面, 仪器操作面板与实物相似甚至相同, 元件和测试仪表均可直接拖动放置到电路仿真工作区内, 仪器元件间的连接通过简单的单击方式实现。

(2) 丰富的元器件。NI Multisim 自带元件库中的元件数量众多, 其中不但含有大量的虚拟分离元件、集成电路元件, 还含有数量众多的实物元件模型, 如 Analog Device、Linear Technologies、Microchip、National Semiconductor, 此外, Texas Instruments 等著名制造商所推出的元件模型也包含其中。同时, 用户还可以自定义元件, 设置元件参数并利用模型生成器及代码模式创建自己的元件。

(3) 众多的虚拟仪表。NI Multisim 提供的虚拟仪器种类繁多，目前已达到 22 种，这些仪器可以实现以动态交互方式设置和使用。用户还可以在 LabVIEW 中创建自定义仪器，并将其调入 NI Multisim 使用。

(4) 强大的仿真能力。NI Multisim 以 SPICE 3F5 和 XSPICE 的内核作为仿真引擎，既能够进行模拟电路、数字电路及数模混合电路的仿真，又能够进行 SPICE 仿真、RF 仿真、MCU 仿真和 VHDL 仿真等。

(5) 完备的分析功能。NI Multisim 提供了十多种仿真分析方法，如直流工作点分析、交流分析、瞬态分析、傅里叶分析、噪声分析、失真分析、直流扫描分析、参数扫描分析、温度扫描分析、后处理分析等。

(6) 远程控制功能。NI Multisim 支持远程控制功能，不仅可以共享界面使其他人在自己的计算机上看到控制者的操作情况，而且可以移交控制权，实现交互式教学。

(7) 强大的 MCU 模块。NI Multisim 可以完成 8051 单片机、PIC 单片机及其外部设备(如 RAM、ROM、键盘、LCD 等)的仿真，支持 C 代码、汇编代码以及十六进制代码，并兼容第三方工具源代码，同时具有设置断点、单步行查看和编辑内部 RAM、特殊功能寄存器等高级调试功能。

(8) 提供多种输入/输出接口。NI Multisim 软件的输入可以来源于 PSPICE 等其他电路仿真软件所创建的 SPICE 图表文件，并自动形成相对应的电路原理图，同时，Protel 等常见的印刷电路软件 PCB 也可以接收 Multisim 环境下所创建的电路原理图，从而进行印刷电路设计。

2.7 Acumen

2.7.1 Acumen 简介

Acumen 工具(Acumen URL)由瑞典哈姆斯塔德大学及美国休斯敦大学 Walid Taha 教授及其研究团队设计研发，Acumen 是一种基于模型的混合系统开发实验环境，它建立了一套文本建模语言，拥有精确完整的语法和语义，可以对由连续系统和离散系统组成的混合系统进行精准的描述，对物理世界的行为变化进行严格的仿真。Acumen 所采用的建模语言称为 Acumen Language(Taha et al., 2012)，是一种混合系统建模语言。VHDL、Verilog、System Verilog、SystemC、Java 等高级语言支持离散型事件描述，但信息物理融合系统中不仅含有离散事件，也包括了物理世界中的连续事件。在 Ptolemy II 建模方法中，组件对象以 XML 文档形式存储，实际的运行过程是通过 Java 程序实现，而 Acumen 采用的是形式化的描述方法。为实现建模仿真连续事件，Ptolmey II 设计了“导演”组件的实时调度器, 通过它实现离散和连续相结合的混合系统建模仿真, 而 Acumen Language 的设计考虑到这方面, Acumen Language 支持偏微分、积分的计算及方程等式的计算。相比 MATLAB R2015b(MATLAB Documentation, 2019)、Simscape R2015b(Simscape Language Guide, 2019)、Octave4.0、OpenModelica1.9.3(OpenModelica User Guide, 2019)、Dymola 以及 20-sim 等工具, Acumen 的仿真效果更加精准, 且功能性也更加强大。但目前此语言也存在着一定的缺陷, 其不支持网络通信建模仿真, 且对于大型 CPS 的建模有一定局限性。

2.7.2 Acumen 建模环境

使用 Acumen 环境平台进行的标准模型的构建可以通过用户图形交互界面实现, 在平台上可以下载指定的目录文件, 可以编辑和保存一个模型的文本、一个动态运行的模型、一个 3D 可视化制图、一个界面平台或一个时序的三维可视化变量, 同时也可以读取错误信息并报告系统, Acumen 可视化建模环境如图 2-24 所示。

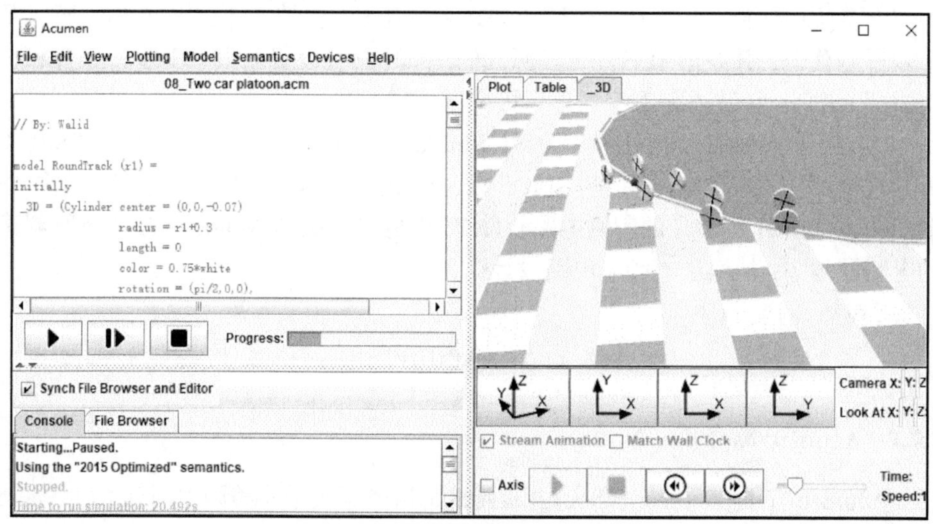

图 2-24 Acumen 可视化建模环境

一个 Acumen 模型只有一个 Main 对象。对象是动态创建的, 整个 Acumen 模型呈现为一个树型对象, Main 对象是这棵树的根。一个对象的孩子即相当于由该对象创建的对象。在 Acumen 模型仿真过程中, 每一个仿真子步骤是从 Main 对象开始遍历整个树, 如图 2-25 所示, Acumen 仿真主要执行两种子步骤, 即离散方式计算和连续方式计算。在离散方式计算的步骤中, 主要进行离散任务和行为活动(如创建、终止和执行)的处理。树型对象是进行结构主动行动和收集动态的离散执行语句, 一旦收集完成(所有的动态赋值语句准备就绪), 则离散赋值并行执行。因此, 对于赋值语句(如 $x = y, y = x$)可以互换操作, 其执行顺序不会对结果产生影响。对于每个对象，首先执行从每个根开始的结构动作，然后执行所有根节点孩子的结构动作。如果有紧急的行为，也可改变默认的执行顺序，并继续以这种离散计算方式执行。否则，执行一个连续的步骤，在一个连续的步骤中，所有的连续动作和积分并行执行。

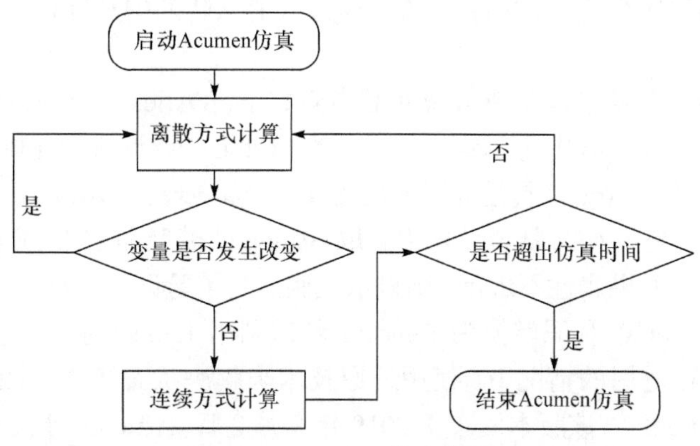

图 2-25 Acumen 仿真流程图

2.7.3 Acumen 特点

(1) 3D 可视化面板。Acumen 中 3D 可视化面板可用于创建静态或动态的 3D 模型。其中包括三维动态显示、静态对象视图、手动控制 3D 视图以及模型中 3D 控制场景视图。

(2) 支持混合系统建模。Acumen 适用于建立离散型、连续型和混合型(Konečný et al., 2013)系统模型，目前此建模仿真平台可应用于电力、物理轨迹运动、热力学等不同领域系统的建模与仿真。

(3) 开放源代码的测试平台。Acumen 平台为开源项目，用户在设计系统时，可以不断扩展增强 Acumen 的功能。

(4) 专业领域设计。利用 Acumen 平台构建系统模型时，建模的关键在于编写和修改数学方程和函数，因此，对用户而言，需要有一定的数学基础理论知识以及其他的专业知识。

2.8 其他建模工具

2.8.1 Afra

Afra(Afra RUL)用于建模和验证 Rebeca 模型仿真平台。Afra 工具是为了集成 Rebeca 相关项目的 Java 工件。在 Rebeca(Reynisson et al., 2012; Jahandideh et al., 2019)中，角色称为 rebecs，是反应类的实例化，用于定义模型，rebecs 之间通过异步消息传送进行相互通信，通过消息队列模拟其信箱。反应类的组成包括 know rebecs、state variables、message server，其中 know rebecs 描述可与其进行通信的 rebecs，state variables 维持内部状态，message server 定义当 rebecs 接收到消息后对应的反应行为。rebecs 中的计算为从消息队列中移除消息，并执行其相应的消息服务。

Afra 的第一次发布是在 Sysfier 项目背景之下，Sysfier 项目的目标是开发一个集成环境用于对基于形式化 SystemC 语义的 SystemC 设计进行建模与验证，并提供模型检查工具。Afra 工具是为了集成 Sytra、Modere、SyMon 以及 Rebeca 和 SystemC 建模环境。Afra 从设计器中获取 SystemC 模型和 LTL 或 CTL 属性，并验证这些模型。如果属性不满足，则显示反例。为了验证 SystemC 模型，Afra 使用 Sytra 将 SystemC 代码转换为 Rebeca，然后利用 Rebeca 验证工具集来验证给定的属性，并在适用的情况下，使用还原技术来解决状态爆炸问题。目前，Afra 最新版本为 Afra 3.0，该版本发布于 2019 年 9 月 2 日，Afra 3.0 建模环境如图 2-26 所示。

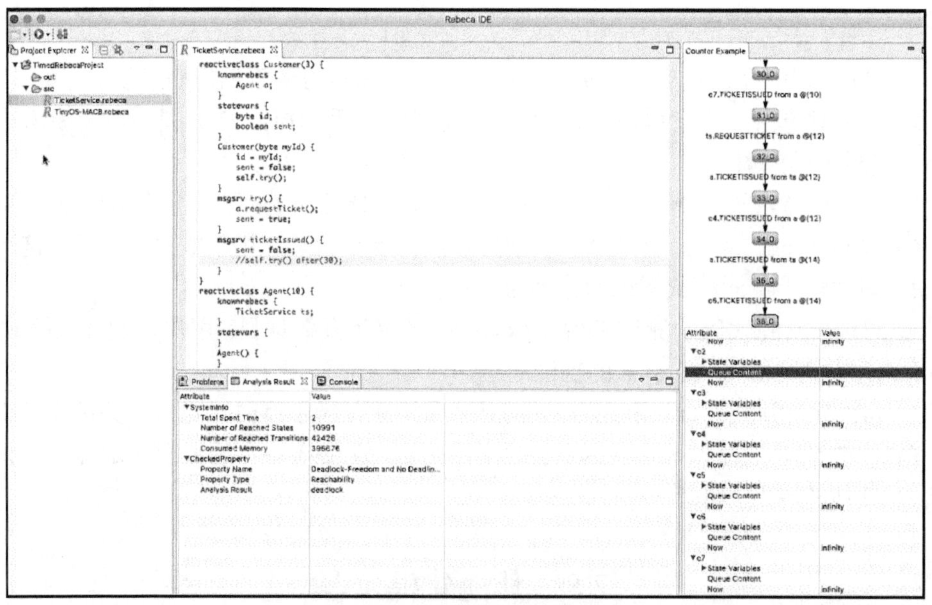

图 2-26　Afra 3.0 建模环境

作为 IDE 产品，Afra 为模型、属性规范实施、模型检查实施和反例可视化实施提供了开发环境，与其他 Eclipse 插件产品类似，Afra 界面由项目浏览器、模型和属性编辑器以及模型检查结果视图三个主要部分组成。

2.8.2 Hydla

Ueda 提出的建模仿真工具 Hydla(Ueda, 2016)，其采用形式化方法可对离散和连续型的系统进行设计开发。Hydla 建模仿真一个球体下落的运动过程，如图 2-27 所示。

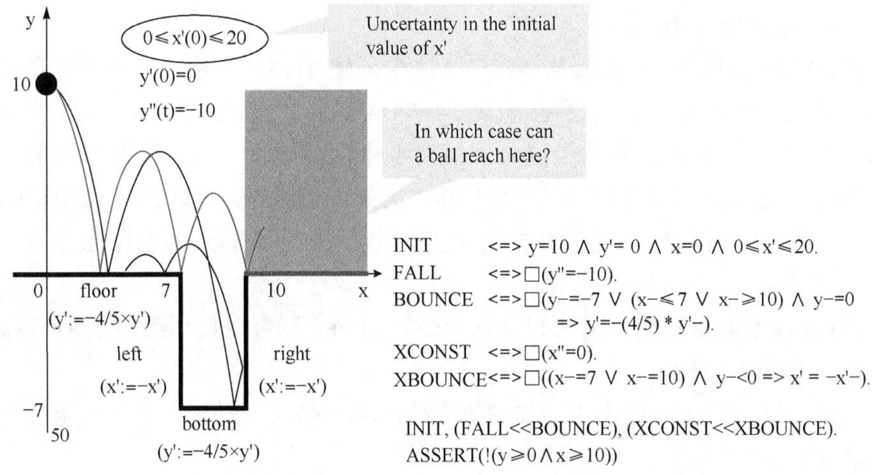

图 2-27　Hydla 球体下落建模

2.8.3 HyST

HyST (Bak et al., 2015; Duggirala et al., 2016)建模仿真工具由 Bak 提出。与 Hydla 类似，其同样采用形式化方法对离散/连续的混合系统设计开发。HyST 的描述方法采用 XML，具备较好的可扩展性和描述性，但也存在一定的局限性，即并没有利用 XML 刻画 CPS 中各个元素，仅注重功能上的建模仿真。

HyST 是一个源到源转换工具(Hyst URL)，如图 2-28 所示。目前采用 SpaceEx 模型格式输入，并转换为 HyComp、Flow*或 dReach 等格式。在内部，该工具支持通用的模型到模型转换过程，这既有助于简化转换，又有可能提高受支

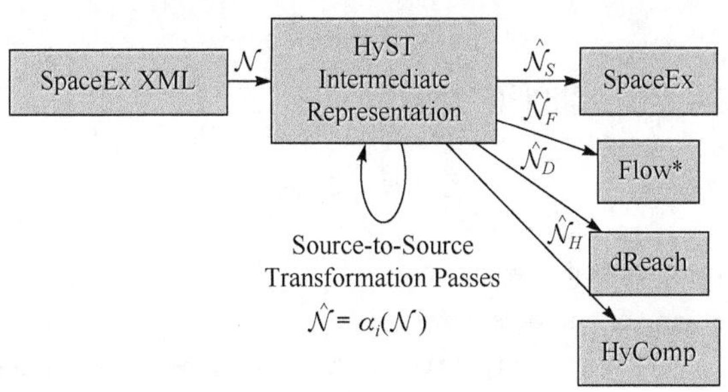

图 2-28　HyST 的高级架构

持工具的可达性结果。尽管这些模型转换过程可以在每个工具中实现，但是 HyST 方法为模型修改提供了一个单一的位置，为未修改的目标工具生成修改的输入源。HyST 能够自动将多个类(包括仿射和非线性混合自动机)中的基准转换为多个工具的输入格式。

目前, HyST 所支持的输入格式包括:

(1) SpaceEx XML 格式。

(2) MATLAB。可以直接从 MATLAB 中创建 HyST 交换格式的混合自动机模型。这是通过将 hyst.jar 文件加载到 MATLAB 中，然后使用 MATLAB 的 Java 接口实例化、操作和转换用于混合系统模型中间表示的 Java 数据结构来实现的。例如，允许对定义系统动力学的矩阵(例如，$\boldsymbol{x}^{\mathrm{T}}=\boldsymbol{A}\boldsymbol{x}$)进行转换或调用矩阵操作。在实践中，可以使用这个参数化和实例化模型使用常数(如电路元件值、电阻、电感等)。

(3) Java 和其他语言。若可以加载 HyST jar 库，则可以使用类似于 MATLAB 接口的内部数据结构。

HyST 计划在下一版本中增加的所支持的输入格式——混合系统的组合交换格式(CIF)。

HyST 所支持的输出格式包括:

(1) SpaceEx XML;

(2) Flow*;

(3) dReach;

(4) HyCreate;

(5) HyComp / HyDI (nuXmv);

(6) MathWorks Simulink / Stateflow。

HyST 计划在下一版本中增加的所支持的输出格式:

(1) C2E2;

(2) UPPAAL;

(3) KeYmaera;

(4) Ptolemy II——连续时间模型。

参考文献

Acumen URL. http://www.acumen-language.org/.

Afra RUL. http://rebeca-lang.org/alltools/Afra.

Bak S, Bogomolov S, Johnson T T. 2015. HYST: A source transformation and translation tool for hybrid automaton models[C]. International Conference on Hybrid Systems: Computation and

Control. ACM: 128-133.

Baldwin P, Kohli S, Lee E A, et al.2005. Visualsense: Visual modeling for wireless and sensor network systems[C]. Technical Memorandum UCB/ERL M05/25, University of California, Berkeley, CA 94720, USA.

Donald C A, Mark S F, Bruce B J, et al. 1967. The SCi continuous system simulation language(CSSL)[J]. SIMULATION, 9: 281-303.

Duggirala P S, Fan C, Potok M, et al. 2016. Tutorial: Software tools for hybrid systems verification, transformation, and synthesis: C2E2, HyST, and TuLiP[C]. Control Applications. IEEE: 1024-1029.

Francis S, Gerstlauer A. 2017. A Reactive and adaptive data flow model for network-of-system specification[J]. IEEE Embedded Systems Letters, 9(4): 1-4.

Gandomi A, Tafti V A, Ghasemzadeh H. 2010. Wireless sensor networks modeling and simulation in visualsense[C]. Second International Conference on Computer Research & Development, 1: 251-254.

Hyst URL. http://verivital.com/hyst/.

Jahandideh I, Ghassemi F, Sirjani M. 2019. Hybrid Rebeca: Modeling and Analyzing of Cyber-Physical Systems[M]//Cyber Physical Systems. Model-Based Design.

Konečný M, Taha W, Duracz J, et al. 2013. Enclosing the behavior of a hybrid system up to and beyond a zeno point[C]. 2013 IEEE 1st International Conference on Cyber-Physical Systems, Networks, and Applications(CPSNA). IEEE: 120-125.

Lee E A, Seshia S A. 2017. Introduction to Embedded Systems——A Cyber-Physical Systems Approach[M]. 2nd ed.Cambridge: MIT Press.

Liu C, Chen F, Zhu J, et al. 2017. Characteristic, architecture, technology and design methodology of cyber-physical systems[C]. EAI International Conference on Industrial IoT Technologies and Applications, 202: 230-246.

MATLAB Documentation [EB/OL]. 2019. http://www.mathworks.com/access/help-desk/help/techdoc/matlab.html.

Modelica URL. https://www.modelica.org/documents.

OpenModelica User Guide [EB/OL]. 2019. https://www.openmodelica.org/useresresources/ userdocumentation.

Ptolemaeus C. 2014. System Design, Modeling, and Simulation Using Ptolemy II[M]. Ptolemy.org.

Reynisson A H, Sirjani M, Aceto L, et al. 2012. Modelling and simulation of asynchronous real-time systems using timed Rebeca[J]. Science of Computer Programming, 89(9): 41-68.

Shah S T, Mehul E. 2011. Implementation of Hierarchical Model in Ptolemy for Wireless Sensor Networks[M]. Trends in Network and Communications, Berlin Heidelberg: Springer.

Simscape Language Guide[EB/OL]. 2019. http://se.mathworks.com/help/physmod/simscape.

Singh A, Ekberg P, Baruah S. 2017. Applying real-time scheduling theory to the synchronous data flow model of computation[C]. The 29th Euromicro Conference on Real-Time Systems, 8: 1-8.

Taha W, Brauner P, Zeng Y, et al. 2012. A core language for executable models of cyber-physical systems(Preliminary Report)[C]. Proceeclings of International Conference on Distributed Computing Systems Workshops(ICDCSW 2012): 303-308.

Ueda K. 2016. Logic/Constraint Programming and Concurrency: The Hard-Won Lessons of the Fifth Generation Computer Project[M]//Functional and Logic Programming. Springer International Publishing.

第 3 章　CPS 组件协同建模

目前, CPS 规模的逐渐扩大和功能的日益复杂, 导致其系统的开发难度也日趋变大。采用 CPS 异元组件协同设计的组件建模方法可将规模大、功能复杂的系统分解成多个规模较小、功能较为简单的系统单元, 甚至更小的原子单元, 从而减小系统设计的复杂程度, 也符合人类从简单逐渐到复杂的接收、认知事物正常的思维。本章主要介绍 CPS 异元组件协同设计的组件建模方法, CPS 异元组件模型的组合、分解演算, 最后采用本章提出的异元组件建模方法对实例模型进行建模描述。

3.1　CPS 建模框架

3.1.1　CPS 空间模型

CPS 是用户空间(User Space)、信息空间(Cyber Space)和物理空间(Physical Space)的融合, 如图 3-1 所示。

用户空间由用户单元组成, 主要通过用户-信息空间接口(I_{UC})实现对信息空间和物理空间的查询、操纵和管理, 也存在部分直接和物理空间交互的用户-物理空间接口(I_{UP})以实现对物理空间直接的查询、操作和管理。

信息空间是实现 CPS 控制与反馈的关键部分, 它由计算、传输、存储等单元组成, 向用户空间提供面向用户服务的接口, 并通过信息空间和物理空间接口(I_{CP})、感知和控制单元实现对物理空间的查询、操纵和管理。

物理空间由各种感知、控制和物理单元组成, 其中, 作为物理环境中的人, 也是一类物理单元, 物理空间主要向信息空间提供面向数字信息服务的接口, 并向用户空间提供部分直接服务接口。

3.1.2　CPS 组件层次框架

为了满足 CPS 应用开发的要求, CPS 的建设需要有具体的体系结构模型。CPS 具有以下突出特点: ①传感节点种类众多(如温度传感节点、压力传感节点、流量传感节点、心率传感节点等), 且所采用的无线通信协议各异, 数据传输通路受阻; ②应用于 CPS 的智能设备数量巨大, 设备标识及管理难度大, 同时由于多为可穿

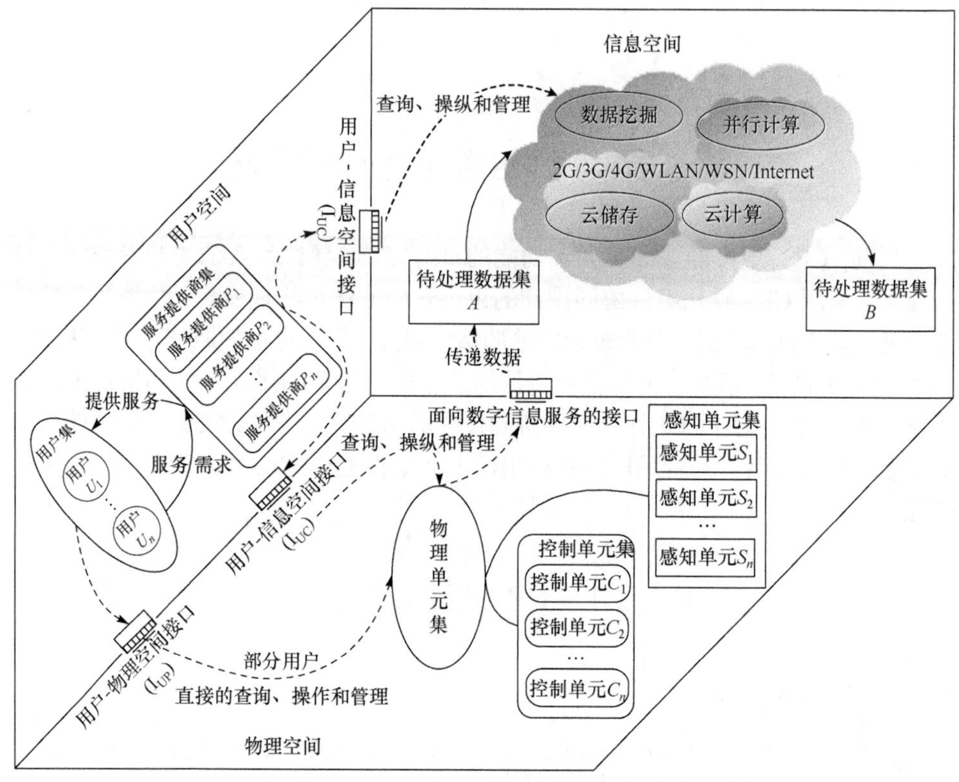

图 3-1　CPS 三维空间模型

戴设备，具备较强的移动性，要求网络通信协议具备较强的移动性支持；③所传输的数据多为实时感知数据及控制数据，对于网络数据传输安全性、精准性、实时性要求高。

结合 CPS 的特点及参考体系结构国际标准，可将 CPS 组件层次框架划分为五个层次，如图 3-2 所示，自底向上分别为感知执行层、通信辅助层、网络传输层、数据融合层、应用服务层(刘超, 2019)。

1. 感知执行层

感知执行层，顾名思义为感知与执行层，分为两个子层。它所拥有的设备种类可能相对较少，但是包含的能力范围却很大。

感知子层，主要的构成为传感组件，即各种佩戴式传感器，用于 CPS 中基本信息收集。执行子层的主要任务是执行由上层处理并传输而来的决策或控制指令，主要由执行组件构成。当系统中发生异常时，该异常信息会被感知子层采集并通过通信辅助层和网络传输层向上传递，然后经过数据融合层处理提交给应用服务层，应用服务层会根据情况做出决策。当执行子层接到处理意见后，会通过显示形式对用户做出提示。

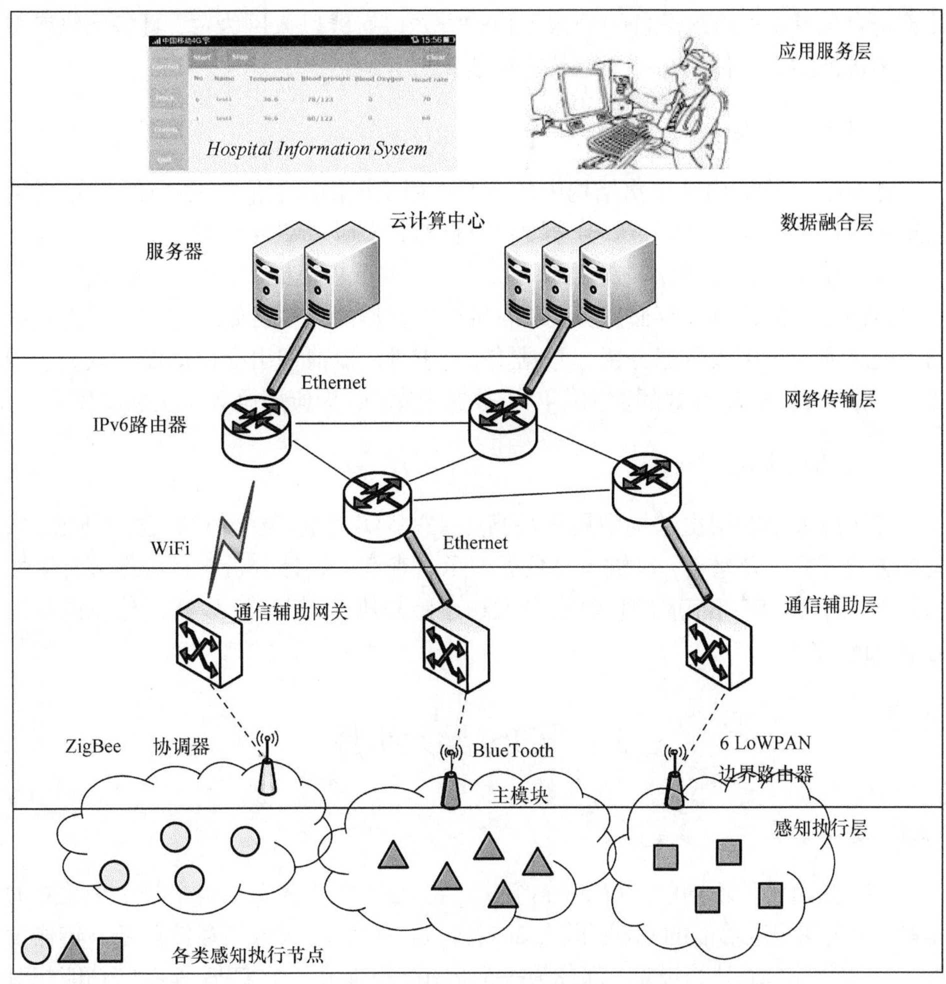

图 3-2　社区医疗信息物理融合系统体系结构

2. 通信辅助层

感知执行层中的设备通常具备低功耗、低存储、资源受限等特点，由于基于 IPv6 的传感节点产品尚未得到推广，该层设备网络通信更多基于较为简单的轻量级通信协议(如 ZigBee、Bluetooth、Z-wave)，且具备局域性，设备无法在运行 IP 的互联网中被有效识别，与互联网中的设备难以直接进行通信。通信辅助层设备在感知执行层和网络传输层之间搭建了“桥梁”，协助互联网中的设备对感知执行层设备进行有效识别，同时进行协议转换功能，完成互联网与传感器网络之间的数据通信。

3. 网络传输层

网络传输层是指由运行 IPv6 的设备组成的骨干网络，其设备通常具备较高的计算与存储性能，通常设备间的数据传输方式以有线以太网为主，具备网络带宽高、传输范围大、传输速率快、传输性能稳定等特点。

4. 数据融合层

数据融合层在 CPS 层次结构中的主要作用是提供海量信息的存储空间，并对信息进行计算融合。因此该部分主要由存储组件和计算组件构成。

由于感知执行层通常设备数量多，采集数据量规模庞大，因而，数据融合层需提供高性能的计算与存储服务，以满足海量数据的存储与处理需求。对海量数据的处理通常采用大数据分析、数据挖掘等技术，以清理出存在错误、缺失、异常、冗余的数据，将有效的数据存储于数据仓库中，为应用服务层提供支撑。

5. 应用服务层

应用服务层在层次结构中属于最高层，它的实现重点在于对数据的利用，依托各类信息系统及平台，提供包含数据展示、查询、统计分析、订阅等多种个性化服务；同时能够将相应的控制命令发送至感知执行层节点，以实现信息的反馈与节点的控制。

3.2 CPS 异元组件

3.2.1 基本概念

CPS 是由各种不同物元(Things)组成。物元指 CPS 体系结构中每一个独立的元素，能实现特定功能的元素(张程, 2019)。如一个传感设备、存储设备、传输设备、控制设备抑或计算设备，都称为一个物元，是构成一个 CPS 模型的功能相对完善的组成元素。但物元不能全面反映物联网系统结构、行为和属性。为了描述的方便，采用组件描述物元。

定义 3-1 (CPS 组件) CPS 组件指构成 CPS 的基本元素，具有独立属性、组成结构和行为方法，组件的接口为端口，用于数据的传送与接收，组件之间通过端口相互连接、协同工作。

定义 3-2 (CPS 原子组件) 结合 CPS 层次建模思想，组件可划分成多个层次，原子组件是指处于最底层的组件，其不能包含其他组件，具有最基本的属性和方法。

定义 3-3 (CPS复合组件)　复合组件处于组件层次结构上层，其内部可包含多个原子组件或其他复合组件，具有相对复杂的结构和功能。

换言之，CPS 组件是具有一定结构和行为的实体，大到感知器、控制器、存储器、处理器、路由器、物理设备等物元，小到电路元件、软件模块等组成物元的基本实体。

组件协同建模方法，其特征包括三点，①不论原子组件还是复合组件，在任意时刻只关注其自身输入端口数据，并依据其功能进行数据信息处理，而后将处理后的数据传输至其输出端口；②模型中的所有组件可并发执行，协同处理数据流，完成模型的执行与功能仿真；③支持组件功能的扩展、层次的细化，从而保证模型可不断细化，逐步实现精准化建模。

3.2.2　CPS 组件能力与功能

总体上来说，CPS 组件的能力(Capacity)大致可分为计算、存储、传输、感知、控制和执行等。

定义 3-4 (计算能力)　计算能力指计算组件对数据实施一系列的计算处理而达到预期的数据结果，可表示为

$$\text{Data}_j \xleftarrow{\text{Computing}} \text{Data}_i, \tag{3-1}$$

即数据集合 Data_i 由计算组件按照计算规则 Computing 进行计算，产生数据 Data_j。计算能力可按计算组件内的计算规则分类，例如，在公钥密码体系中采用的 RSA 加密算法可实现对明文数据按照某个公钥进行加密产生密文数据，在静态数据分析中采用的 K-均值法可实现数据聚类等。

定义 3-5 (存储能力)　存储能力指将数据存储到存储组件上，并可提供访问服务。其中，访问可表示为

$$\text{Data} \xleftarrow{\text{Access(Address)}} \text{Memory}, \tag{3-2}$$

即从存储组件 Memory 根据地址 Address 按照访问规则 Access 获得数据 Data。存储可表示为

$$\text{Data} \xrightarrow{\text{Store(Address)}} \text{Memory}, \tag{3-3}$$

即将数据 Data 根据地址 Address 按照存储规则 Store 存储到存储组件 Memory。

定义 3-6 (传输能力)　传输能力指传输组件提供各类协议格式数据的通信。一次传输可表示为

$$\text{Data} \xrightarrow{\text{Transfer}(\text{Address}_i,\text{Address}_j,\text{Protocal})} \text{Data}, \tag{3-4}$$

即 Data 由传输组件 Transfer 通过传输协议 Protocal 从地址 Address_i 传送到 Address_j。传输能力可通过传输组件实现，传输组件利用不同的技术和协议进行传

输，当前成熟的技术有蓝牙、红外、ZigBee、UWB、WiFi、Ethernet 等。

定义 3-7 (感知能力)　感知能力指终端传感器采集原始数据的行为。可表示为

$$\text{Data} \xleftarrow{\text{Sensing}} \text{Sensor}, \tag{3-5}$$

即通过传感组件 Sensor 按照 Sensing 规则采集到数据 Data。感知能力是 CPS 中传感器所具备的最基本的能力，是物理空间向信息空间和用户空间提供信息的反馈能力，可通过其感知的信息分类。例如，GPS 具有感知位置的能力、感知时间的能力；RFID 阅读器具有感知 RFID 标签和 RFID 数据的能力。

定义 3-8 (控制能力)　控制能力指终端控制器发出的控制指令，控制各组件完成工作。可表示为

$$\text{Data} \xrightarrow{\text{Controlling}} \text{Controllor}, \tag{3-6}$$

即将控制指令 Data 交由控制器 Controller 按照控制规则 Controlling 解析，控制被控组件。控制能力是信息空间和用户空间对物理空间实施操纵的能力，例如，电机控制、音频输出、显示控制、人工控制等。

定义 3-9 (执行能力)　执行能力指物理组件接收到控制组件的控制信号(指令)，完成对应控制信号(指令)的控制行为，并产生可被传感组件感知的反馈信号(数据)。可表示为

$$\text{Signal(Data)} \underset{\text{Feedbacking}}{\overset{\text{Excetuing}}{\rightleftarrows}} \text{Object}, \tag{3-7}$$

即物理组件 Object 按控制信号(指令)Signal(Data)规定的控制规则完成对应的控制行为，按反馈规则 Feedbacking 产生反馈信号(数据)Signal(Data)。组件的功能(Functionality)是组件能力的有机组合，例如，赋予某温度传感器感知温度、定时上传温度的功能，则其需要通过感知能力、传输能力来实现。

3.2.3　CPS 组件类型

CPS 组件作为组成 CPS 的元素，按其能力，可将组件分为以下 8 种。

1. 物理组件

物理组件负责执行和产生反馈，是物理世界中的个体，亦指环境，是 CPS 的数据来源，也是物理空间中行为实施者，如人、机械设备、空气、水、物体等。

2. 用户组件

用户组件指系统中用户的相关功能属性，用来实现交互任务。

3. 感知组件

感知组件指整个 CPS 中所有的感知节点，它们的功能各异，用于感知采集各

种数据和环境数据，如 GPS、RFID 阅读器、温度传感器等，都是帮助系统采集所需的各种位置、信号、温湿度等相关数据。

4. 控制组件

控制组件指整个系统中负责控制的组件，它们接收计算组件分析后做出的决定信息，并将决定付之行动，如电机控制器、继电器控制器、显示控制器、音频控制器等。

5. 计算组件

计算组件负责数据的运算、加工，达到预期的数据效果，如融合模块、并行计算单元、云计算中心、分布式处理终端等。

6. 通信组件

通信组件负责组件之间相互的通信，将信号进行交换以执行相关交互沟通的任务，如 ZigBee 通信模块等。

7. 传输组件

传输组件负责数据传输，如网络适配器、集线器、交换机、协调器、路由器、网关等。

8. 存储组件

存储组件负责数据的存储，如寄存器、Cache、DRAM、SD、RAID、数据中心、云端存储服务器。

作为组成 CPS 的高层组件，通常是各类组件的复合体，具有一种或一种以上的组件能力，这些能力构成其功能，如表 3-1 所示。

表 3-1　各类组件单元及其能力分布

能力＼物元	计算单元	存储单元	传输单元	感知单元	控制单元	物理单元	用户单元
计算	强	弱	弱	弱	弱		
存储	弱	强	弱	弱	弱		
传输			强	弱	弱		强
感知				强			强
控制					强		强
执行						强	强

3.2.4 CPS 组件的异元性

CPS 中的组件不同于软件开发中的组件，它不仅仅是一段程序代码，而更多的可能是一个个抽象的实体，这个实体没有体积上的限制，也没有功能复杂度的限制，可以是一台数据计算处理器、一台路由器、一个终端服务器、一个体温传感器，甚至可以是一个电子元件，如电阻器、电容器、二极管等。CPS 组件的异元性表现在如下方面。

(1) 组件功能的异元性：表现为各组件本身具有的工作内容的不同。在 CPS 中，组件的功能通常分为数据采集、数据传输、数据处理和数据服务等；组件内实现各自功能，组件间协同工作。

(2) 组件行为的异元性：表现为组件之间信息处理方式的不同。对硬件计算组件来说，通过数字逻辑电路处理数字信号；对软件计算组件来说，运用程序处理数据；对物理组件来说，处理的是模拟信号。另外，组件行为的描述方法具有不一致性，换言之，计算模型具有不统一性。目前的行为描述方式具有多样性，如存在有限状态机、微分方程、硬件描述语言、Petri 网、交互图、程序流程图等多种形式。

(3) 组件结构的异元性：表现为不同组件在组件内具有不同的组成结构，组件间具有不同的连接结构。如对于数据处理组件来说，组件主要由负责数据处理的各子组件组成。

(4) 网络传输的异元性：表现为传输方式的多样性。数据或控制命令在传输过程中，可能通过不同的网络到达目的端，常见的网络传输方式有：2G/3G/4G/5G 等移动通信网络、无线传感器网络、无线局域网络和进行大规模数据传输的互联网络。

3.3 CPS 组件建模

CPS 组件具有异元性，当 CPS 规模和需求功能达到一定复杂程度时，采用传统建模方法对系统中所有组件建模将成为一个艰巨的任务，那么就需要一种具有通用性、一致性及开放性的建模方法解决此问题。因此信息物理融合异元组件开放性建模方法应运而生，其中具体包括与组件建模相关的基本概念、结构建模和行为建模等。

3.3.1 CPS 组件基本结构

CPS 组件基本结构，如图 3-3 所示。

对 CPS 异元组件协同设计的建模方法,首先给出相关定义如下。

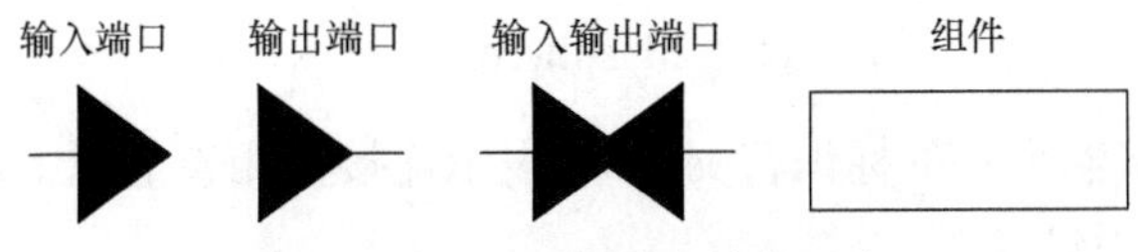

图 3-3　CPS 组件基本结构元素

定义 3-10 (端口)　端口被定义为 p, 端口集被定义为 P。端口表示 CPS 中组件与组件之间相互连接的接口, 用于传递信息。若干个端口组成的任意序列的集合称为端口集。端口集的表达式如下

$$P = \{p^* \mid p \in \{I, O, \mathrm{IO}\}\} 。\tag{3-8}$$

定义 3-11 (输入端口)　输入端口被定义为 i,输入端口集被定义为 I, 输入端口表示接收输入信息的端口。若干个输入端口组成的任意序列的集合称为输入端口集。输入端口集的表达式如下

$$I = \{i^* \mid \langle \mathrm{id}, \mathrm{type} \rangle\},\tag{3-9}$$

其中, id 表示输入端口的唯一标识符, type 表示端口传递的数据类型。

定义 3-12 (输出端口)　输出端口被定义为 o, 输出端口集被定义为 O, 输出端口表示接收输出信息的端口。若干个输出端口组成的任意序列的集合称为输出端口集。输出端口集的表达式如下

$$O = \{o^* \mid \langle \mathrm{id}, \mathrm{type} \rangle\},\tag{3-10}$$

其中, id 表示输出端口的唯一标识符, type 表示端口传递的数据类型。

定义 3-13 (输入输出端口)　输入输出端口被定义为 io, 输入输出端口集被定义为 IO, 输入输出端口表示可接收信息、也可输出信息的端口。若干个输入输出端口组成的任意序列的集合称为输入输出端口集。输入输出端口集的表达式如下

$$\mathrm{IO} = \{\mathrm{io}^* \mid \langle \mathrm{id}, \mathrm{type} \rangle\} ,\tag{3-11}$$

其中, id 表示输出输入端口的唯一标识符, type 表示端口传递的数据类型。

定义 3-14 (组件属性集)　组件的属性被定义为 a, 组件属性集被定义为 A。组件属性集是用于描述组件的非功能性属性的集合(尺寸、方位、内部变量等)。组件属性集的表达式如下

$$A = \{a^* \mid \langle \mathrm{id}, \mathrm{type} \rangle\},\tag{3-12}$$

其中, id 表示属性唯一标识符, type 表示某属性的数据类型。

定义 3-15 (连接器)　连接器被定义为 l, 连接器集被定义为 L。连接器表示组件与组件或者组件内部的子组件与子组件或者组件与其内部子组件之间的相互连接关系, 也就是它们之间传递数据信息的专用通道。连接器的表达式如下

$$L=\{l^{*}|\langle\text{id, source, target}\rangle\},\tag{3-13}$$

其中, id 表示连接器唯一的标识符, source 表示连接器相连的源组件, target 表示连接器相连的目标组件。

定义 3-16 (组件行为)　组件的行为被定为 b, 组件的行为属性集被定义为 B。组件的行为可理解为具体的计算模型, 用于处理数据信息, 如状态机、逻辑映射、函数等计算模型。组件的行为表达式如下

$$B=\{b^{*}|\text{StateMachine, LogicalMapping, Function,}\cdots\}。\tag{3-14}$$

定义 3-17 (组件结构)　组件的结构被定义为 S, 其表达式如下

$$S=\langle C,P,A,L\rangle,\tag{3-15}$$

其中, 结构属性 S 中包括子组件集合 C、端口集 P、属性集 A 和连接器集 L。当组件为原子型组件时其组件结构可表示为 $S=\langle P,A,L\rangle$。

定义 3-18 (组件集)　组件被定为 c, 组件集被定义为 C。组件的表达式如下

$$C=\{c^{*}|\langle S,B\rangle\},\tag{3-16}$$

其中, c 表示一个基本 CPS 组件单元; S 表示它的内部结构; B 表示它的行为。

上述定义了 CPS 基本结构元素, 根据组件端口的不同功能进行分类, 输入端口型 I, 输出端口型 O 以及输入输出端口型 IO。CPS 中元素有两种角色, 组件和子组件。

3.3.2　CPS 结构模型

组件结构模型包括子组件集、端口集、属性集和连接器集。举一个简单例子, 如全加器实体组件。全加器是由一个异或门实体组件和一个与门实体组件构成的复合体组件。根据 CPS 组件概念定义的理解, 可认为一个完整的 CPS 就是一个具有一定规模和复杂功能的复合体组件, 但考虑采用信息物理融合异元组件开放性建模方法直接对一个大型复杂的 CPS 建模是难以实现的任务。对此, 给出了一个简洁的信息物理融合异元组件结构来表示开放性建模方法, 如图 3-4 所示。

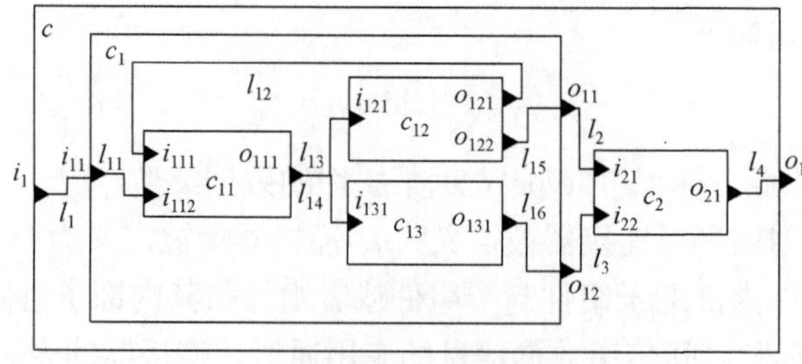

图 3-4　信息物理融合异元组件结构

(1) CPS 组件 c 是由 c_1 和 c_2 组件构成的复合体组件(假设 c 原子组件具体行为 b_1)。

$$c = \langle S \rangle,$$

$$S = \langle C, P, L \rangle,$$

$$C = \langle c_1, c_2 \rangle,$$

$$P = \{i_1, o_1, i_{11}, o_{11}, o_{12}, i_{21}, i_{22}, o_{21}\},$$

$$L = \{l_1, l_2, l_3, l_4\},$$

$$B = \{b_1\}\text{。}$$

(2) CPS 组件 c_1 是由 c_{11}, c_{12} 及 c_{13} 组件构成的复合体组件(假设 c_1 原子组件具体行为 b_2)。

$$c_1 = \langle S \rangle,$$

$$S = \langle C, P, L \rangle,$$

$$C = \langle c_{11}, c_{12}, c_{13} \rangle,$$

$$P = \{i_{11}, o_{11}, o_{12}, i_{111}, i_{112}, o_{111}, i_{121}, o_{121}, o_{122}, i_{131}, o_{131}\},$$

$$L = \{l_{11}, l_{12}, l_{13}, l_{14}, l_{15}, l_{16}\},$$

$$B = \{b_2\}\text{。}$$

(3) CPS 组件 c_2 内部不包含任何组件(假设 c_2 原子组件具体行为 b_3)。

$$c_2 = \langle S \rangle,$$

$$S = \langle P \rangle,$$

$$P = \{i_{21}, i_{22}, o_{21}\},$$

$$B = \{b_3\}\text{。}$$

(4) CPS 组件 c_{11} 内部不包含任何组件(假设 c_{11} 原子组件具体行为 b_4)。

$$c_{11} = \langle S, B \rangle,$$

$$S = \langle P \rangle,$$

$$P = \{i_{111}, i_{112}, o_{111}\},$$

$$B = \{b_4\}\text{。}$$

(5) CPS 组件 c_{12} 内部不包含任何组件(假设 c_{12} 原子组件具体行为 b_5)。

$$c_{12} = \langle S, B \rangle,$$

$$S = \langle P \rangle,$$

$$P = \{i_{121}, o_{121}, o_{122}\},$$

$$B = \{b_5\}\ 。$$

(6) CPS 组件 c_{13} 内部不包含任何组件(假设 c_{13} 原子组件具体行为 b_6)。

$$c_{13} = \langle S, B \rangle,$$

$$S = \langle P \rangle,$$

$$P = \{i_{131}, o_{131}\},$$

$$B = \{b_6\}\ 。$$

根据上述信息物理融合异元组件结构中的各个组件建模描述, 不难发现采用开放性建模方法来建模描述复合体组件, 除了自身组件的端口之外也描述内部组件的端口。从结构层次方面考虑, 复合体组件的建模描述方式是二级层次模式。当前复合体组件为第一级层次, 其内部的各组件为第二级层次。若继续建模描述当前复合体组件内部的各复合体组件, 则可再采用二级层次模式。

3.3.3 CPS 行为模型

本书采用有限状态机或函数建立组件的行为模型, 有限状态机包括 Mealy 状态机和 Moore 状态机。

1. 有限状态机

定义 3-19 (有限状态机)　有限状态机是一个表示有限个被定义的状态根据状态机迁移条件以及输入集产生一系列转移、输出等动作行为的计算模型, 简写为 Ms, 通过七元组 $(\Sigma, \Gamma, g, S, s_i, \delta, \omega)$ 描述:

(1) Σ 是输入集合;

(2) Γ 是输出集合;

(3) g 为迁移条件;

(4) S 是非空有限个状态集合;

(5) s_i 是初始状态, $s_i \in S$;

(6) δ 是状态迁移条件函数, $g: S \times \Sigma \to S$;

(7) ω 是输出函数。

使用有限状态机描述行为的组件简称为有限状态机组件。

定义 3-20 (Mealy 机)　若输出函数与输入集合以及非空有限状态集合有关,

则定义 Ms 为 Mealy 机，简写为 MsL，通过八元组 $(\Sigma, \Gamma, g, a, S, s_i, \delta, \omega)$ 描述：

(1) Σ 是输入集合；

(2) Γ 是输出集合；

(3) g 为迁移条件；

(4) a 为属性集合；

(5) S 是非空有限个状态集合；

(6) s_i 是初始状态，$s_i \in S$；

(7) δ 是状态迁移条件函数，$\delta : S \times \sum \xrightarrow[a]{g,\omega} S$；

(8) ω 是输出函数，$\omega: \Sigma \times S \rightarrow \Gamma$。

定义 3-21 (Moore 机) 若输出函数只与非空有限状态集合有关，则定义 Ms 为 Moore 机，简写为 MsR，通过六元组 $(\Sigma, \Gamma, g, S, s_i, \omega)$ 描述：

(1) Σ 是输入集合；

(2) Γ 是输出集合；

(3) g 为迁移条件；

(4) S 是非空有限个状态集合；

(5) s_i 是初始状态，$s_i \in S$；

(6) ω 是输出函数，$\omega: \Sigma \times S \rightarrow \Gamma$。

2. 函数

计算过程中可能需要简单的数学函数参与，如三角函数、指数函数等。简单的数学函数可通过函数名调用，从而降低行为的建模复杂性。由函数描述行为的组件简称为函数组件。

3.4 组件演算

在 CPS 异元组件系统设计的过程中，验证是保证异元组件建模方法在信息物理融合系统异元组件协同设计建模中的正确性和可行性的重要环节。本节主要介绍 CPS 异元组件模型的组合、分解演算且用对相关开放性组件的完整性验证。图 3-5 所示为 c_1、c_{11}、c_{12} 以及 c_{13} 的组件构成一个简单的 CPS 组件模型。其中，c_{11} 是由 c_{111} 和 c_{112} 组成的复合组件，c_{111} 和 c_{112} 内部不存在其他组件，整个组件模型可以表示为以下形式：

$$c_1 = \langle \{i_{11}, i_{12}\}, \{o_{13}, o_{14}\}, \{c_{11}, c_{12}, c_{13}\},$$
$$\{\langle i_{11}, c_{11}.i_{111}\rangle, \langle i_{12}, c_{12}.i_{121}\rangle, \langle c_{11}.o_{113}, o_{13}\rangle,$$
$$\langle c_{11}.o_{114}, c_{12}.i_{122}\rangle, \langle c_{12}.o_{123}, c_{11}.i_{112}\rangle, \langle c_{13}.o_{134}, o_{14}\rangle\}\rangle。$$

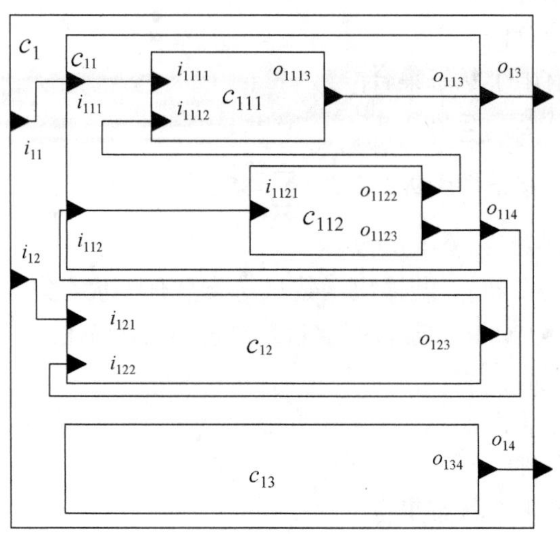

图 3-5　信息物理融合系统组件模型

3.4.1　组合演算

组合演算，亦可称为组合运算。组合运算时将多个组件组合成为一个新的复合组件。

定义 3-22 (组合运算)　组件的组合运算给定 $S=\langle C,P,A,L\rangle$ 和行为 B，则可产生复合体组件

$$c=\langle S,B\rangle, \tag{3-17}$$

其中，i^*为输入端口集 I 的子集，o^*为输出端口集 O 的子集，io*为输入输出端口集 IO 的子集，c^*为组件集 C 的子集，l^*为连接器集 L 的子集，组合运算主要针对复合组件。

例 3-1　组件的组合运算举例。

在图 3-5 中，c_{11} 复合组件由 c_{111} 和 c_{112} 两个组件组成。假设组合演算前，c_{111} 和 c_{112} 为两个独立的组件。经过组合演算后 c_{11} 的输入端口集、输出端口集、其内部组件集、连接器集、属性集以及行为表示的形式如下

$$I=\{c_{11}.i_{111}, c_{11}.i_{112}\},$$

$$O=\{c_{11}.o_{113}, c_{11}.o_{114}\},$$

$$C=\langle c_{111},c_{112}\rangle,$$

$$P=\{i_{111},i_{112},o_{113},o_{114},i_{1111},i_{1112},o_{1113},i_{1121},o_{1122},o_{1123}\},$$

$$L=\{\langle c_{11}.i_{111},c_{11}.i_{1111}\rangle,\langle c_{111}.o_{1113},c_{11}.o_{113}\rangle,$$
$$\langle c_{11}.i_{112},c_{112}.i_{1121}\rangle,\langle c_{112}.o_{1122},c_{111}.i_{1112}\rangle,$$
$$\langle c_{112}.o_{1123},c_{11}.o_{114}\rangle\},$$

$$A=\{a^*\},$$

$$B=\{b_{c_{11}}\}。$$

则复合组件 c_{11} 用组件的组合运算可表示为

$$c_{11}=\langle P,C,L,A,B\rangle=\prod(p^*,c^*,l^*,a^*,b_{c_{11}})。$$

3.4.2 分解演算

分解演算, 亦可称为分解运算。组合的分解演算和组件的组合演算是互逆运算, 分解演算将一个复合组件分解为多个子组件, 若被分解的组件也同样是复合组件, 可重复利用分解演算直至分解为非复合组件。

定义 3-23 (分解演算)　组件的分解演算被定义为

$$\coprod(\mathrm{c})=\{c^*\},\tag{3-18}$$

其中, c^*为组件 C 的子组件集。

例 3-2　组件的分解演算举例。

在图 3-5 中, 复合组件 c_{11} 可分解为两个独立组件 c_{111} 和 c_{112}, 则采用组件的分解演算的表示形式如下

$$\coprod(c_{11})=\{c_{111},c_{112}\}。\tag{3-19}$$

分解演算如图 3-6 所示。

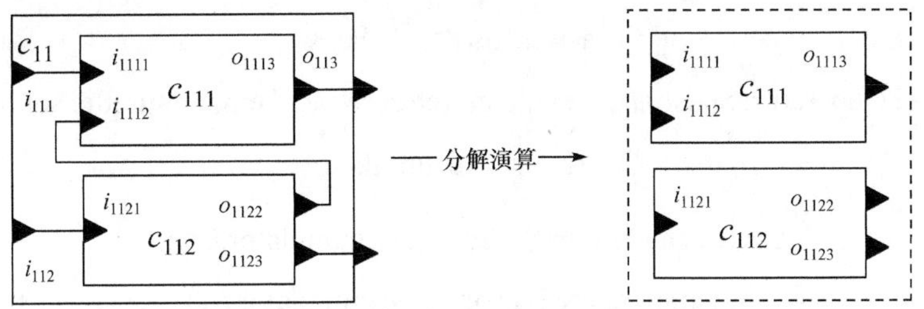

图 3-6　分解演算

组件的组合演算与分解演算是以组件为模型的系统中比较常见的两种演算方

式，上述仅仅是针对组件的结构进行组合和分解，这样有利于对 CPS 进行层次化和结构化的建模。

3.5 开放性组件建模方法模型实例

建模模型实例为医用恒温箱模型，建模阶段主要是将系统抽象为结构化、层次化的模型，如图 3-7 所示。

医用恒温箱，主要用于药物、疫苗试剂、血液冷藏保温，透析液、生理盐水等医学专用液体加热或者冷却等多种用途。实际中的医用恒温箱的内部结构比较复杂，在模型化时将简化其内部结构，建立能够体现医用恒温箱工作方式的组件模型。医用恒温箱组件的内部结构情况包括温度传感器、温度控制器以及显示组件。其中温度传感器组件的作用是感知箱内部的温度具体变化的情况。图 3-7 中说明温度传感器组件是复合组件，其中包括噪声组件和累加器组件。温度控制器组件是原子组件不具备结构属性，仅有行为属性，通过行为状态机控制恒温箱中的温度，使其保持在允许温度范围内。

根据可异元组件建模的定义，对上述实例进行建模，表示方式如下。

(1) 医用恒温箱 Thermostat 顶层模型

$$c_{\text{Thremostat}} = \{C, L\},$$

$$C = \{\text{TemperatureSensor}, \text{TemperatureControl}, \text{Display}\},$$

$$\begin{aligned} L = \{ & \langle \text{TemperatureSensor}.o_{12}, \text{TemperatureControl}.i_{21} \rangle, \\ & \langle \text{TemperatureSensor}.o_{12}, \text{Display}.i_{31} \rangle, \\ & \langle \text{TemperatureControl}.o_{22}, \text{TemperatureSensor}.i_{11} \rangle, \\ & \langle \text{TemperatureControl}.o_{23}, \text{TemperatureSensor}.i_{10} \rangle \}。\end{aligned}$$

(2) 温度感知器模型

$$c_{\text{TemperatureSensor}} = \{P, C, L\},$$

$$P = \{\text{TemperatureSensor}.i_{10}, \text{TemperatureSensor}.i_{11}, \text{TemperatureSensor}.o_{12}\},$$

$$C = \{\text{Noise}, \text{Accumulator}\},$$

$$\begin{aligned} L = \{ & \langle \text{TemperatureSensor}.i_{11}, \text{Accumulator}.i_{51} \rangle, \\ & \langle \text{TemperatureSensor}.i_{10}, \text{Accumulator}.i_{54} \rangle, \\ & \langle \text{Noise}.o_{41}, \text{Accumulator}.i_{52} \rangle, \\ & \langle \text{Accumulator}.o_{53}, \text{TemperatureSensor}.o_{12} \rangle \}。\end{aligned}$$

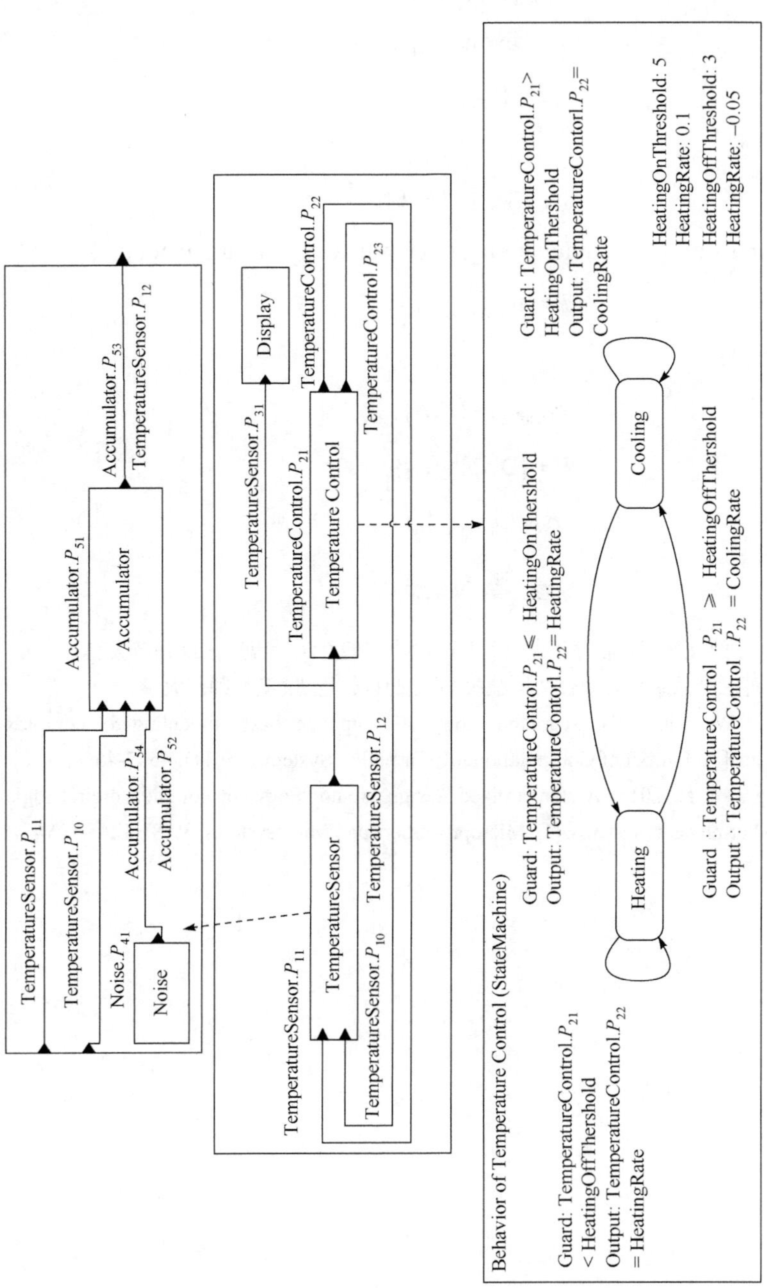

图3-7　医用恒温箱建模模型

(3) 噪声器模型

$$c_{\text{Noise}} = \{P, B\},$$

$$P = \{\text{Noise}.o_{54}\},$$

$$B = \{b_{\text{Noise}}\} 。$$

(i) 累加器模型

$$c_{\text{Accumulator}} = \{P, B\},$$

$$P = \{\text{Accumulator}.i_{51}, \text{Accumulator}.i_{54}, \text{Accumulator}.i_{52}, \text{Accumulator}.o_{53}\},$$

$$B = \{b_{\text{Accumulator}}\};$$

(ii) 显示器模型

$$c_{\text{Display}} = \{P, B\},$$

$$P = \{\text{Display}.i_{31}\},$$

$$B = \{b_{\text{Display}}\} 。$$

参 考 文 献

刘超. 2019. 基于 IPv6 的社区医疗物联网组件协同建模与验证[D]. 芜湖: 安徽师范大学.

张程. 2019. 信息物理融合系统异元组件协同建模与验证[D]. 芜湖: 安徽师范大学.

Chen F, Sun Y, Zhou W, et al. 2014. A methodology of component-based modeling for complex digital logic systems[J]. Journal of Computational Information Systems, 10(11): 4557-4564.

Chen F, Ye H, Yang J, et al. 2015. A standardized design methodology for complex digital logic components of cyber-physical systemsa[J]. Microprocessors and Microsystems, 39(8): 1245-1254.

第 4 章　CPS 异元组件模型可扩展一致描述方法

在 CPS 异元组件系统设计的过程中，组件模型的语言描述是至关重要的步骤。目前，CPS 模型存在许多描述语言，但一般都是将软件部分描述与硬件部分描述分开，采用的是不同的描述语言，从而导致难以有效对模型进行整体建模与描述。本章提出了一种异元组件模型的可扩展一致描述方法，主要包括了 XML 组件描述规范、描述 CPS 异元组件建模实例等内容。

4.1　CPS 一致描述问题

描述语言是以一种具体的形式来描述模型，传统的文本描述方法一般是将系统的软件部分描述与硬件部分描述分开，采用不同的描述语言。例如，描述系统硬件模块采用 HDL，描述系统软件部分则采用 C、Java、Python 等编程语言。描述语言的多样性对模型的整体性描述带来不便，同时，描述的可扩展性差，对模型的管理和验证也较为困难。如何有效处理模型描述的统一性与可扩展性，既要实现硬件、软件和其他组件描述的一致性，又要提供组件内部多种计算模型对应的行为描述的扩展支持，是采用异元组件建模之后必须要解决的模型描述问题。

本章中，我们定义了一种支持异元组件描述的语法规则，为组件定义了高层抽象的模型可扩展一致性描述语言，以描述组件的行为、结构和属性等，从而解决嵌入式系统中硬件和软件系统的描述语言不一致问题，并支持对传感、控制、通信和物理系统的描述。

4.2　XML 描述方法

XML(Extensible Markup Language)是一种可扩展性的标记语言。1998 年 2 月，W3C（World Wide Web Consortium，万维网联盟）正式批准了扩展标记语言的标注的定义。XML 是类似于超文本标记语言，不是对超文本标记语言的替代，而是对超文本标记语言的补充。XML 可以直接描述虚拟世界，主要用于数据的存储、传输、交换、共享、控制等。与 HTML 标记不同，XML 标记是用于定义数据本身的结构和数据类型。在实际应用过程中，传递或存储的数据元素集合的结构形式通常具有不确定性的特点，可能简单也可能较为复杂。因此，采用具有自定义规则的 XML 来封装这些数据元素是较为合适的。此外, XML 是一种简单的、与平台无关的并被广泛采用的标准, 从而使得其可以有效地集成来自不同源的数据。

具备良好的可扩展性、可兼容性和可读性的 XML 可有效地进行 CPS 的描述。在 Ptolemy Ⅱ中, 所建立的角色模型就是通过 XML 形式进行存储。目前, 很多高级编程语言(如 C、C++、C#、Java 等)在系统设计过程中也都与 XML 密切相关, 但对 XML 利用的方式也仅限于数据信息的存储。随着 XML 的发展, 研究学者也逐步采用 XML 进行一些计算模型的描述, 如 Węgrzyn 和 Bubacz(2001)采用 XML 描述语言对 Petri 网模型进行描述。

CPS 包含三个主体部分: 人、物以及使得两者或其自身内部产生联系的网络。三者属于不同的范畴, 但却具备一些共同特性, 如三者均具备结构属性、行为属性。无论是人、物还是网络, 都有其自身的组成结构, 只是其内部组成的基本原子结构不同。同时, 三者均能够对外界的刺激因子产生反应, 并形成某种特定的行为。因此, 在采用 XML 进行 CPS 描述时, 可将物理世界与网络世界中的实体看成一个个进行封装的组件, 并定义好 XML 语法规则, 用以对组件的结构属性和行为属性分别描述(Chen et al., 2013)。此外, 为便于进行可视化建模, 优化模型 XML 描述语言的可读性, 我们进一步定义了组件的视图属性。

4.3 异元组件的 XML 描述规范

4.3.1 组件 XML 描述语法

定义的 CPS 中的所有异元组件都采用 XML 描述, XML 描述规范如表 4-1 所示。

表 4-1 XML 描述规范

名称	标签符	定义
Document	***Document***	***Declaration File***
Declaration	***Declaration***	<?xml Version="*1.0*" encoding="***Code***" standalone="***Option***"?>
Code	***Code***	*"UTF-8"|"GB2312"|"ISO-8859-1"|"GBK"*
Option	***Option***	*"yes"|"no"*
File	***File***	<file ***Constraint***>***Component***</file>
Constraint	***Constraint***	xmlns="***Value1***" xmlns:xsi="***Value2***" xsi:schemaLocation="***Value3 Value4***"
Component	***Component***	<component name="***ID***">***Structure Behavior*** </component>

注: 其中 ***Value1*** 表示默认命名空间的声明, ***Value2*** 表示 XML Schema 实例命名空间, ***Value3*** 表示需要使用的命名空间, ***Value4*** 表示供命名空间使用的 XML Schema 的位置。

XML 描述规范具有以下特征:

(1) 每一个描述文件(Document)包含两个部分, 描述文件声明(Declaration)、文件定义(File);

(2) 描述文件声明包含 XML 版本声明(Version)、编码声明(encoding)、外部定义的 Schema 文件存在性声明(standalone);

(3) 描述文件中包含一个或若干个组件, 组件以<component>开始, 以</component>结束的标记对定义;

(4) 每一组件都有着自己的组件名称(ID)与其他组件区分, 组件描述包含两个部分, 组件结构(Structure)和组件行为(Behavior)。其行为数据化和信息化, 产生若干具有特性的数据元素, 经过一系列的数据存储、数据计算处理和计算优化, 再通过专用的软件将真实物理世界的客体虚拟地显示于计算机的显示设备。

4.3.2　组件结构描述规范

组件结构(Structure)包括端口集、属性集、子组件集以及连接器集。组件结构描述规范如表 4-2 所示。

表 4-2　组件结构描述规范

名称	标签符	定义
Strcuture	***Strcuture***	<structure>***Ports Attributes Subcomponents Connectors*** </structure>
Ports	***Ports***	<ports>***Port***+</ports>
Port	***Port***	<input type="***TypeName***">***ID.ID***<input> | <output type="***TypeName***">***ID.ID***<output> | <inout type="***TypeName***">***ID.ID***<inout>
Attributes	***Attributes***	<attributes>***Attribute***+</attributes>
Attribute	***Attribute***	<attribute type="***TypeName***" value="***Value***"> ***ID***</attribute>
TypeName	***TypeName***	bit | char |boolean | ***Int*** | ***Real***|***TypeName***[***Int***] | (***TypeName***,***TypeName***+)
Integer	***Int***	int16 | int32 | int64
Real	***Real***	float | double
Subcomponents	***Subcomponents***	<subcomponents>***Subcomponent***+</subcomponents>
Subcomponent	***Subcomponent***	<subcomponent component="***ID***" ***View***+>***ID*** </subcomponent>
View	***View***	***Location*** | ***Width*** | ***Height*** | ***Picture*** | ***Color***
Location	***Location***	location="(***Int***, ***Int***)"
Width	***Width***	width="***Int***"
Height	***Height***	height="***Int***"
Picture	***Picture***	picture="***Filename***"
Color	***Color***	color="***ColorName***"

续表

名称	标签符	定义
ColorName	***ColorName***	*Red* | *Blue* | *Green* | *Black* ...
Connectors	***Connectors***	<connectors>***connector***+</connectors>
Connector	***Connector***	<connector name="***ID***"> ***ID.ID→ID.ID*** </connector>|<connector name="***ID***">***Value→ID.ID*** </connector>
Value	***Value***	0 | 1 | x | X | z | Z | ***Int*** | ***Real*** | ***TypeName***[***Int***] | (***Value***,***Value***+)

(1) 端口集(Ports)。

端口的主要作用是发送或者接收数据信息，端口包括输入端口(Input)、输出端口(Output)和输入输出端口(Inout)三种类型。输入端口主要作用是接收来自外界或连接器的输入数据信息，输出端口主要作用是向外界或者连接器产生输出数据信息，输入输出端口则具备输入端口和输出端口的基本功能。考虑到 CPS 世界中不同客体有着不同的端口集合，即使在同一客体中也存在不同的端口集合，且相互传递的数据信息的数据类型存在多样性。定义端口 ID 用于识别不同端口，端口类型(Type)决定了端口所传递的数据类型(字节型、字符型、布尔型、整型等)。在<input>、<output>以及<inout>的 XML 节点标签对中定义 ID.ID，前者 ID 表示为端口所在的组件 ID，后者 ID 表示为端口 ID，两者的组合表示端口的唯一标识符。

(2) 属性集(Attributes)。

属性集的 XML 节点标签对<attributes></attributes>中包含了若干属性 Attribute，主要用于描述组件的非功能性属性(尺寸、方位、内部变量等)。在<attribute></attribute>的 XML 节点标签对中定义 ID 表示组件某一属性唯一标识符，也就是属性名。其中，XML 节点标签<attribute>的属性 type 和 value 分别表示属性值的数据类型和具体属性值。

(3) 子组件集(Subcomponents)。

组件是由其内部具有一定数量的子组件按照特定结构组成。XML 节点标签<subcomponent>的属性 component 表示此子组件所属的上层组件。View 表示组件的视图属性(如组件位置、长度、宽度、背景图片、形状、颜色等)。在<subcomponent></subcomponent>的 XML 节点标签对中定义 ID 表示子组件的唯一标识符，以区别于其他不同的子组件。

(4) 连接器集(Connectors)。

连接器集的 XML 节点标签对<connectors></connectors>中包含了若干连接器 Connector。在<connector></connector>的 XML 节点标签对中定义 ID.ID→ID.ID 表示某一组件端口与自身或其他组件端口相互连接的关系，源地址指向目的地址。前者 ID.ID 表示源地址，后者 ID.ID 表示目的地址；Value→ID.ID 表示组件内部产生的数据传输至组件自身的相应端口。

4.3.3　组件行为描述规范

目前所存在的建模工具采用 XML 来存储数据或描述系统组件结构，而对于组件行为缺少描述，为实现组件的统一描述，我们提出采用统一的 XML 描述规范进行组件结构和行为的描述。组件行为可利用 Moore 型有限状态机、Mealy 型有限状态机、函数、逻辑映射表、Petri 网等多种不同计算模型加以描述。组件行为描述规范如表 4-3 所示。

表 4-3　组件行为描述规范

名称	标签符	定义
Behavior	***Behavior***	<behavior>***MealyMachine*** |***MooreMachine*** |***Function*** | ...</behavior>
Mealy Machine	***MealyMachine***	<mealy>***States Variables MealyTransitions***</mealy>
Moore Machine	***MooreMachine***	<moore>***States Variables MooreTransitions MooreOutput***</moore>
States	***States***	<states>***State***+</states>
State	***State***	<state ***View***+ ***InitialState***>***ID*** </state> | <state ***View***+>***ID***</state>
Variables	***Variables***	<variables>***Variable***+</variables>
Variable	***Variable***	<variable type="***TypeName***"value="***Value***">***ID***</variable>
Mealy Transitions	***MealyTransitions***	<transitions>***MealyTransition***+</transitions>
Mealy Transition	***MealyTransition***	<transition ***View***+>***CurrentState GuardExpression SetAction OutAction NextState*** </transition>
Moore Transitions	***MooreTransitions***	<transitions>***MooreTransition***+</transitions>
Moore Transition	***MooreTransition***	<transition ***View***+>***CurrentState GuardExpression SetAction NextState*** </transition>
Current State	***CurrentState***	<current>***ID***</current>
Input Action	***InAction***	<in>{***ID***=***Value***}+</in>
Guard Expression	***GuardExpression***	<guard>***Expression***</guard>
Set Action	***SetAction***	<set>{***ID***=***Value***}+</set>
Output Action	***OutAction***	<out>{***ID***=***Value***}+</out>
Next State	***NextState***	<next>***ID***</next>
Moore Output	***MooreOutput***	<mooreout>***CurrentState OutAction***</ mooreout >
Function	***Function***	<function>***FunctionName Parameters***</function>
Function Name	***FunctionName***	<funcname>***ID***</funcname>
Parameters	***Parameters***	<parameters>***Parameter***+</parameters>
Parameter	***Parameter***	<parameter type="***TypeName***"value="***Value***">***ID***</parameter>

1. 有限状态机(Finite State Machine, FSM)

有限状态机存在两种类型，<mealy></mealy>和<moore></moore>节点标签对分别表示 Mealy 状态机和 Moore 状态机。Mealy 状态机中包括了状态集、变量集以及 Mealy 状态迁移集。Moore 状态机中包括了状态集、变量集、Moore 状态机迁移以及 Moore 状态机输出。

2. 状态机集(States)

事件的变化存在着不确定性和多样性，若完整地描述事件所有的状态变化，需列举出所有的状态，各个状态之间是相互独立的。

状态机集的 XML 节点标签对<states></states>中包含了若干状态 State。在<state></state>的 XML 节点标签对中定义 ID 表示某一事件在某一时刻的某状态的唯一标识符，也就是状态名。XML 节点标签<state>的属性 View+ 表示在图形化的各项参数。状态机是从初始状态开始运行，属性 InitialState 标识某状态是否为初始状态。当 InitialState 为“1”时，当前状态为初始状态；当 InitialState 为“0”时，当前状态为非初始状态。

3. 变量集(Variables)

变量集的 XML 节点标签对<variables></variables>中包含了若干状态 Variable。在<variable></variable>的 XML 节点标签对中定义 ID 表示唯一标识符，也就是变量名。XML 节点标签<variable>的属性 type 表示变量的数据类型，value 表示变量值。变量的作用是存储计算过程的变化值、扩展计算机模型的能力等。

4. 状态迁移集(Transitions)

Mealy 状态机和 Moore 状态机在状态迁移的过程中是存在差异的。对 Moore 而言，响应是产生的输出由当前状态机决定(在响应的开始时，而不在结束时)，不依赖于同一时间的输入，具有严格的因果关系。而 Mealy 简单地说，就是在状态迁移的过程中产生输出。对此，两者的状态迁移的 XML 描述规范存在差异。状态机存在多个状态，对此也存在多个状态迁移，也就是状态机迁移集中存在多个状态迁移。

1) Mealy 状态迁移集(Mealy Transitions)

Mealy 状态迁移集的 XML 节点标签对<transitions></transitions>中包含了若干 Mealy 状态迁移。在<transition></transition>的 XML 节点标签对中包括了当前

状态、迁移条件、设定变量、输出以及下一个状态。在<current></current>的 XML 节点标签对中定义 ID 表示当前状态名; 在<next></next>的 XML 节点标签对中定义 ID 表示下一个状态名; 在<guard></guard>的 XML 节点标签对中定义条件比较的表达式, 如 a > b; 在<out></out>的 XML 节点标签对中定义输出表达式{ID=Value}+, 可以存在多个输出; 在<set></set>的 XML 节点标签对中定义{ID=Value}+, 主要作用是定义特殊变量。

2) Moore 状态迁移集(Moore Transitions)

Moore 状态迁移集的 XML 节点标签对<transitions></transitions>中包含了若干 Moore 状态迁移。在<transition></transition>的 XML 节点标签对中包括了当前状态、迁移条件、设定变量以及下一个状态。这里与 Mealy 状态机有一定的区别, Moore 状态迁移中没有输出。根据上述描述需要将 Moore 状态机的输出单独定义, <mooreout></mooreout>的 XML 节点标签对中包括了当前状态和输出。

5. 函数(Function)

函数集的 XML 节点标签对<funcname></funcname>中包含了若干参数集 Parameters 和函数名称 Function Name。在<funcname></funcname>的 XML 节点标签对中定义 ID 表示唯一标识符, 也就是函数名。函数集的 XML 节点标签对<parameters></parameters>中包含了若干参数 Parameter。XML 节点标签<parameter>的属性 type 表示变量的数据类型, value 表示变量值。变量的作用是存储计算过程的变化值等。

4.4　异元组件的 XML 描述规范

依据上述定义的组件 XML 描述规范, 对第 3 章所介绍的医用恒温箱模型案例进行 XML 描述, 模型中各组件 XML 描述如下。

(1) 医用恒温箱顶层描述模型 XML 描述。

```
<?xml version="1.0" encoding="UTF-8"?>
<file xmlns="http://www.itcast.cn"
xmlns:xsi="http://www.w3.org/2001/XMLSchema-instance"
xsi:schemaLocation="http://www.itcsat.cn myschema.xsd">
<component name="Thermostat">
<structure>
```

```
<ports>
<input type="double">TemperatureSensor.p11</input>
<input type="double">TemperatureContorl.p21</input>
<input type="double">Display.p31</input>
<output type="double">TemperatureContorl.p22</output>
<output type="double">TemperatureSensor.p12</output>
</ports>
<subcomponents>
<subcomponent component="Thermostat"
width="138" height="91" location="(100,100)">TemperatureSensor</
subcomponent>
<subcomponent component="Thermostat"
width="138" height="91" location="(200,200)">TemperatureControl</
subcomponent>
<subcomponent component="Thermostat"
width="138" height="91" location="(300,200)">Display</subcomponent>
</subcomponents>
<connectors>
<connector name="link1">TemperatureSensor.p12->TemperatureContorl.
p21</connector>
<connector name="link2">TemperatureContorl.p22->TemperatureSensor.
p11</connector>
<connector        name="link3">TemperatureSensor.p12->Display.p31
</connector>
</connectors>
</structure>
</component>
</file>
```

(2) 医用恒温箱感知组件 XML 描述。

```
<?xml version="1.0" encoding="UTF-8"?>
<file xmlns="http://www.itcast.cn"
xmlns:xsi="http://www.w3.org/2001/XMLSchema-instance"
xsi:schemaLocation="http://www.itcsat.cn myschema.xsd">
<component name="TemperatureSensor" initial="1">
<structure>
<ports>
<input type="double" value="3.21">TemperatureSensor.p11</input>
<input type="double" value="0.03">TemperatureSensor.p10</input>
<input type="double">Accumulator.p51</input>
```

```
<input type="double">Accumulator.p52</input>
<input type="double">Accumulator.p54</input>
<output type="double">Accumulator.p53</output>
<output type="double">TemperatureSensor.p12</output>
<output type="double">Noise.p54</output>
</ports>
<subcomponents>
<subcomponent component="TemperatureSensor" width="138" height="91"
location="(100,100)">
Noise</subcomponent>
<subcomponent component="TemperatureSensor" width="138" height="91"
location="(200,200)">
Accumulator</subcomponent>
</subcomponents>
<connectors>
<connector name="link1">TemperatureSensor.p11-&gt;Accumulator.p51
</connector>
<connector name="link2">Noise.p54-&gt;Accumulator.p52
</connector>
<connector name="link3">Accumulator.p53-&gt;TemperatureSensor.p12
</connector>
<connector name="link4">TemperatureSensor.p10-&gt;Accumulator.p54
</connector>
</connectors>
</structure>
</component>
</file>
```

(3) 医用恒温箱控制组件 XML 描述。

```
<?xml version="1.0" encoding="UTF-8"?>
<file xmlns="http://www.itcast.cn"
xmlns:xsi="http://www.w3.org/2001/XMLSchema-instance"
xsi:schemaLocation="http://www.itcsat.cn myschema.xsd">
<component name="TemperatureControl">
<structure>
<ports>
<input type="double">TemperatureControl.p21</input>
<output type="double">TemperatureControl.p22</output>
<output type="double">TemperatureControl.p23</output>
</ports>
```

```
</structure>
<behavior>
<mealy>
<states>
<state initial="1" location="(100,100)" width="10" height= "10">
Heating</state>
<state initial="0" location="(100,200)" width="10" height="10">
Cooling</state>
</states>
<variables>
<variable type="double" value="22">HeatOffThreshold</ variable>
<variable type="double" value="18">HeatOnThreshold</ variable>
<variable type="double" value="0.1">HeatingRate </variable>
<variable type="double" value="-0.05">CoolingRate </variable>
</variables>
<transitions>
<transition>
<current>Heating</current>
<guard>TemperatureControl.p21&lt; heatOffThreshold</ guard>
<next>Heating</next>
</transition>
<transition>
<current>Heating</current>
<guard>TemperatureControl.p21&lt;=HeatOffThreshold</guard>
<next>Cooling</next>
</transition>
<transition>
<current>Cooling</current>
<guard>TemperatureControl.p21&gt;=HeatOnThreshold</guard>
<next>Heating</next>
</transition>
<transition>
<current>Cooling</current>
<guard>TemperatureControl.p21&gt;HeatOnThreshold</guard>
<next>Cooling</next>
</transition>
</transitions>
</mealy>
</behavior>
</component>
```

```
</file>
```

(4) 医用恒温箱噪声组件 XML 描述。

```
<?xml version="1.0" encoding="UTF-8"?>
<file xmlns="http://www.itcast.cn"
xmlns:xsi="http://www.w3.org/2001/XMLSchema-instance"
xsi:schemaLocation="http://www.itcsat.cn myschema.xsd">
<component name="Noise">
<structure>
<ports>
<output type="double">Noise.p54</output>
</ports>
</structure>
<behavior>
<function>
<funcname>CreateError</funcname>
<parameters>
<parameter type="double" value="0.05">UpperLimitValue</parameter>
<parameter type="double" value="-0.05">LowerLimitValue</parameter>
</parameters>
</function>
</behavior>
</component>
</file>
```

(5) 医用恒温箱显示组件 XML 描述。

```
<?xml version="1.0" encoding="UTF-8"?>
<file xmlns="http://www.itcast.cn"
xmlns:xsi="http://www.w3.org/2001/XMLSchema-instance"
xsi:schemaLocation="http://www.itcsat.cn myschema.xsd">
<component name="Display">
<structure>
<ports>
<input type="double">Display.p31</input>
</ports>
</structure>
<behavior>
<function>
<funcname>CreateWave</funcname>
```

```
</function>
</behavior>
</component>
</file>
```

(6) 医用恒温箱累加组件 XML 描述。

```
<?xml version="1.0" encoding="UTF-8"?>
<file xmlns="http://www.itcast.cn"
xmlns:xsi="http://www.w3.org/2001/XMLSchema-instance"
xsi:schemaLocation="http://www.itcsat.cn myschema.xsd">
<component name="Accumulator">
<structure>
<ports>
<input type="double">Accumulator.p51</input>
<input type="double">Accumulator.p52</input>
<input type="double">Accumulator.p54</input>
<output type="double">Accumulator.p53</output>
</ports>
</structure>
<behavior>
<function>
<funcname>CreateAccumulationResult</funcname>
</function>
</behavior>
</component>
</file>
```

参考文献

Chen F, Zhou W, Sun Y, et al. 2013. XML specification for complex digital logic components[J]. The Open Automation and Control Systems Journal, 5(1): 80-86.

Węgrzyn A, Bubacz P. 2001. XML application for modelling and simulation of concurrent controllers[C]//The International Workshop on Discrete-Event System Design, DESDes'01: 215-221.

第 5 章　CPS 异元组件模型协同验证方法

异元组件模型的自动化形式化验证、组件原型的功能仿真和基于模型对应的目标系统的综合与在线测试验证是确保设计与需求保持一致的凭证。针对组件的有效性验证、原型的功能仿真与目标系统的在线测试等三种验证途径，采用多级协同验证的方法，跟踪设计全过程，验证模型的正确性，从而确认所设计产品的正确性。

5.1　CPS 协同验证技术

在嵌入式系统提交设计交付生产之前，常常不得不面对一个关键问题，那就是如何确保设计与需求保持一致。据估计超过 70%的设计时间耗费在进行各种各样的验证任务上，挤占了设计进程中其他任务的时间和人力资源。验证已变成当前设计流程中最重要的任务，有助于确认建模的模型正确性和有效性，对产品的功能正确和及时交货产生重大影响。

为解决异元组件验证的不可协同以及验证方式不统一的问题，本章提出了 CPS 异元组件的协同验证方法，从而达到模型真实地反映设计者的设计意图。协同验证平台中设计了对解析器和组件模型仿真的算法，可有效跟踪编程设计与仿真运行的全过程，验证编程代码和仿真运行的正确性，为最终具有正确性、可行性的产品提供有力的依据。最后，对应用模型实例的仿真进行分析。

如图 5-1 所示，可对组件进行有效性检查、原型仿真，对需要综合成硬件模块的组件，还可以借助 EDA 软件进行 HDL 仿真和 FPGA 在线测试，对需要编译成软件模块的组件，还可以借助调试软件进行调试和在线测试。

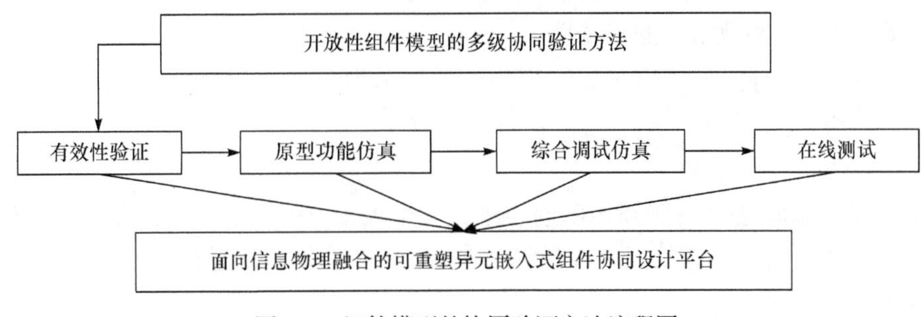

图 5-1　组件模型的协同验证方法流程图

有效性检查确保了模型描述准确地反映了模型，且模型无完整性和稳定性问题。原型仿真确保了模型准确地反映了需求，即给定输入，产生了需要的输出。嵌入式开发板和 FPGA 在线测试则是将组件生成实现，进一步验证待生成对象是否准确地反映了需求。

采用多级协同验证方法，利用现有的 FPGA 技术和嵌入式处理器技术，既可联合软件组件原型仿真与硬件组件原型仿真进行协同仿真，也可进行软件组件原型仿真与 FPGA 在线测试联合、嵌入式开发板在线测试与硬件组件原型仿真联合、嵌入式开发板在线测试与 FPGA 在线测试联合测试等协同验证，还可联合传感、控制、通信和物理组件进行协同验证。

5.2 组件的有效性验证

在 CPS 异元组件系统设计的过程中。设计者根据用户意图首先设计出其组件模型，在此过程中，难免会由于设计者的疏忽或者逻辑错误造成设计结果与用户需求的出入。为了尽早地检测出这样的错误，尽可能真实地反映建模意图，应对所建立的模型进行初步验证，即有效性验证。本书所述的有效性验证包括完整性验证和稳定性验证。

5.2.1 组件的完整性验证

组件的完整性验证包括函数组件、有限状态机组件和复合逻辑组件的完整性验证。

1. 函数组件的完整性验证

函数组件采用逻辑映射表建模，在逻辑映射表中，组件的输入向量个数应与输入端口长度保持一致，输出向量个数应与输出端口长度保持一致。对于任意一个可能的输入向量必须应有对应确定的输出向量，且输出向量值不可含有 x，即不可为未知向量值，仅可为 Value 中的确定值。

定义 5-1 函数组件的完整性。

对于函数组件 $c=\langle \mathrm{IP},\mathrm{OP},T\rangle$，其完整性表示为:

(1) $\forall t\in T, t=\langle \mathrm{IV},\mathrm{OV}\rangle, |\mathrm{IV}|=|\mathrm{IP}|, |\mathrm{OV}|=|\mathrm{OP}|$；

(2) $\forall t\in T, \exists x\in \mathrm{OV}$ 。

其中，T 为逻辑映射表，t 为逻辑映射表中的一个表项，IV 为输入向量，|IV|为输入向量长度，|IP|为输入端口长度，OV 为输出向量，|OV|为输出向量长度，|OP|为输出端口长度，x 为不定值。

根据以上定义，则函数组件 $c = \langle \mathrm{IP}, \mathrm{OP}, T \rangle$ 的完整性验证算法可表示如下。

```
foreach(t)
begin
if (|IV|==|OV|&&|IP|==|OP|)
     if (OV!=x)
          return true;
     else
          return false;
else
     return false;
end
```

2. 有限状态机组件的完整性验证

有限状态机组件分别为 Moore 机和 Mealy 机，所以在此有限状态机组件的完整性验证中包含 Moore 机的完整性验证和 Mealy 机的完整性验证。对应于状态机而言，主要的参数是输入信号、当前状态、次状态和输出信号。与函数组件一致的是输入向量需与输入端口一致，输出向量需与输出端口一致。对应于任意输入向量，都可使当前状态转移到下一状态，且每一个状态都是由初始状态可达的，不存在孤立的不可到达的状态。

定义 5-2　Mealy 机的完整性。

对于 Mealy 机 $\mathrm{MlM} = (\Sigma, \Gamma, S, s_0, \delta, \omega)$，其完整性表示为:

(1) $|\mathrm{IV}| = |\mathrm{IP}|, |\mathrm{OV}| = |\mathrm{OP}|$；

(2) $\forall \mathrm{IV} \in \Sigma, \forall s \in S, \exists s' = \delta(s, \mathrm{IV}) \in S'$ 且 $\exists \mathrm{OV} = \omega(s, \mathrm{IV}) \in \Gamma$；

(3) $\forall s \in S, s \neq s_0, s_0 \mapsto s$ 。

其中，|IV|为输入向量长度，|IP|为输入端口长度，|OV|为输出向量长度，|OP|为输出端口长度，$s_0 \mapsto s$ 为状态至初始状态可达。

定义 5-3　Moore 机的完整性。

对于 Moore 机 $\mathrm{MrM} = (\Sigma, \Gamma, S, s_0, \delta, \omega)$，其完整性表示为:

(1) $|\mathrm{IV}| = |\mathrm{IP}|, |\mathrm{OV}| = |\mathrm{OP}|$；

(2) $\forall \mathrm{IV} \in \Sigma, \forall s \in S, \exists s' = \delta(s, \mathrm{IV}) \in S'$ 且 $\exists \mathrm{OV} = \omega(s) \in \Gamma$；

(3) $\forall s \in S, s \neq s_0, s_0 \mapsto s$ 。

其中，|IV|为输入向量长度，|IP|为输入端口长度，|OV|为输出向量长度，|OP|为输出端口长度，$s_0 \mapsto s$ 为状态至初始状态可达。

定义 5-4　有限状态机组件的完整性。

对于有限状态机组件 $c = \langle \mathrm{IP}, \mathrm{OP}, M \rangle$，其完整性表示为:

(1) $\forall \mathrm{IV} \in \Sigma, \forall \mathrm{OV} \in \Gamma, |\mathrm{IV}| = |\mathrm{IP}|, |\mathrm{OV}| = |\mathrm{OP}|$;

(2) $\forall \mathrm{OV} \in \Gamma, \exists x \in \mathrm{OV}$;

(3) M 是完整的。

根据以上定义，有限状态机组件 $c = \langle \mathrm{IP}, \mathrm{OP}, M \rangle$ 的完整性验证算法可表示如下。

```
foreach(IV∈Σ,OV∈Γ)
begin
if (|IV|==|OV|&&|IP|==|OP|)
    if (OV!=x)
        foreach (IV∈Σ, OV∈Γ, s∈S)
          if (s'=δ(s, IV) && OV=ω(s, IV) | OV=ω(s) && s0↦s )
               return true;
else
        return false;
end
```

3. 复合逻辑组件的完整性验证

复合逻辑组件采用子组件和连接器来建模，其子组件包括函数组件和有限状态机组件，连接器为连接各子组件的桥梁，则只需验证子组件以及连接器的完整性即可。

定义 5-5 连接器的完整性。

对于复合逻辑组件 $c = \langle \mathrm{IP}, \mathrm{OP}, C, L \rangle$ 和连接器 $l = \langle c_1.p_1, c_2.p_2 \rangle$，连接器的源端口和目标端口都必须是确定的。其完整性表示为:

(1) $l = \langle p, c'.p' \rangle \in L$且$c' \in C$且$p' \in I(c')$;

(2) $l = \langle c_1'.p_1', c_2'.p_2' \rangle \in L$且$c_1', c_2' \in C$且$p_1' \in O(c_1')$且$p_2' \in I(c_2')$;

(3) $l = \langle c'.p', p \rangle \in L$且$c' \in C$且$p' \in O(c')$。

定义 5-6 复合逻辑组件的完整性。

对于复合逻辑组件 $c = \langle \mathrm{IP}, \mathrm{OP}, C, L \rangle$，若其子组件和连接器均为完整的，则此组件为完整的。

根据以上定义，复合逻辑组件 $c = \langle \mathrm{IP}, \mathrm{OP}, C, L \rangle$ 的完整性验证算法可表示如下。

```
foreach (c∈C , l∈L)
if(c&&l)
     return ture;
else
    return false;
```

5.2.2　组件的稳定性验证

1. 函数组件的稳定性验证

定义 5-7　函数组件的稳定性。

对于函数组件 $c=\langle \mathrm{IP},\mathrm{OP},T\rangle$，若 IP 固定，则 OP 固定且唯一。

函数组件稳定性验证即对逻辑映射表进行唯一性检查，首先对表中各项进行快速排序得到表 T1，然后对此表中的相邻表项进行比较，若对于相同输入向量输出向量均为一致的，则该组件为稳定的。

2. 有限状态机组件的稳定性验证

定义 5-8　Mealy 机的稳定性。

对于 Mealy 机 $\mathrm{MlM}=(\Sigma,\Gamma,S,s_0,\delta,\omega)$，若输入向量和当前状态已确定，下一状态和输出向量确定且唯一，则此 Mealy 机为稳定的。

定义 5-9　Moore 机的稳定性。

对于 Moore 机 $\mathrm{MrM}=(\Sigma,\Gamma,S,s_0,\delta,\omega)$，若输入向量和当前状态已确定，下一状态和输出向量确定且唯一，则此 Moore 机为稳定的。

定义 5-10　有限状态机组件的稳定性。

对于有限状态机组件 $c=\langle \mathrm{IP},\mathrm{OP},M\rangle$，若 M 是稳定的，则称此组件是稳定的。

3. 复合组件的稳定性验证

定义 5-11　复合组件的稳定性。

对于复合组件 $c=\langle \mathrm{IP},\mathrm{OP},C,L\rangle$，若此组件的子组件均为稳定的，子组件的输入端口仅有一个源端口，复合组件的输出端口仅有一个源端口，且此组件的所有子组件之间不存在可达的有向环，则称此组件是稳定的。此处，组件的所有子组件是指经过展开运算之后的全部子组件。

定义 5-12　组件的有效性。

完整且稳定的组件是有效的。

5.3　组件原型的功能仿真

5.3.1　函数组件的功能仿真

函数组件的功能仿真即对逻辑映射表进行查表比较的过程，其流程如图 5-2 所示。

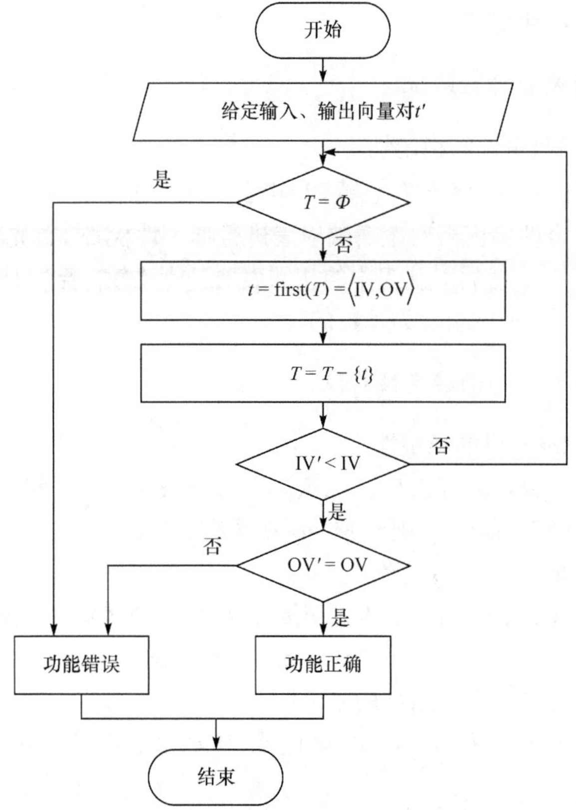

图 5-2　函数组件功能仿真流程

5.3.2　有限状态机组件的功能仿真

有限状态机组件的功能仿真即对状态转换和输出表进行查表比较的过程，任意给定一个输入向量，在状态机中查找是否存在对应的输出向量，不存在则报告错误；反之，返回当前状态下产生的输出向量，并更新有限状态机的状态。其流程如图 5-3 所示。

5.3.3　复合组件的功能仿真

在复合组件的仿真之前，需要对其进行展开，给定输入向量，跟踪各原子组件的端口值的变换，产生输出向量。

对展开后的组件 $c = \langle \text{IP}, \text{OP}, C, L \rangle$，构造其函数组件子组件的有向图 $g = \langle V, E \rangle$，并对 g 进行拓扑排序，获得拓扑序列 $s = \langle c_1, c_2, \cdots, c_n \rangle$，任给输入向量 IV，即 $\text{value}(\text{IP}) = \text{IV}$，其仿真过程如下。

步骤 1　对 $\forall l = \langle c'.p', c''.p'' \rangle \in L$，若 c' 为有限状态机组件，即该连接器的源端

口为一个有限状态机组件的输出端口，则 $\text{value}(\langle c'.p, c''.p''\rangle) = \text{value}(c'.p')$。

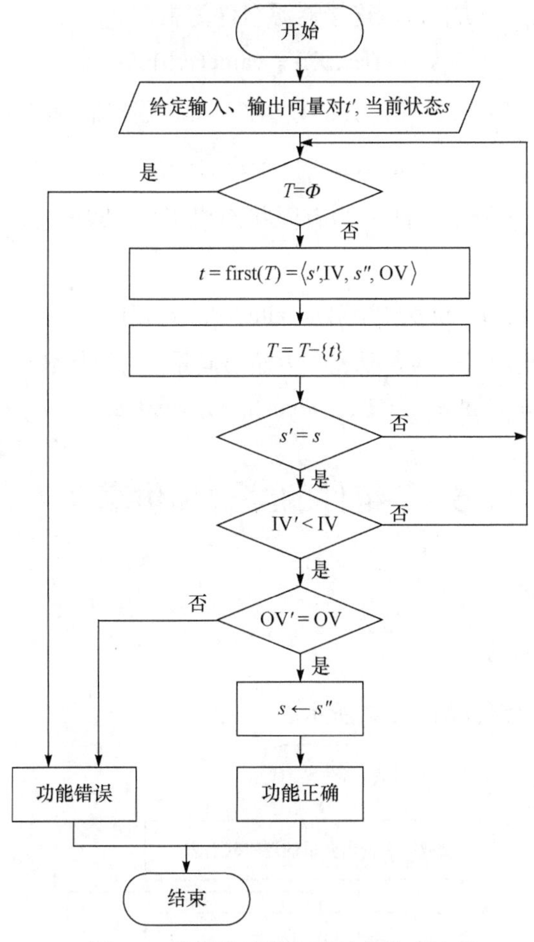

图 5-3　有限状态机组件功能仿真流程

步骤 2　按拓扑顺序对 s 中的每个函数组件 c_i 进行仿真，对 $\forall p' \in I(c_i)$，

(1) 若 $\exists\langle c.p, c_i.p'\rangle \in L$，即该连接器源组件为 c，则

$$\text{value}(\langle c_i.p'\rangle) = \text{value}(c.p)\text{。}$$

(2) 若 $\exists\langle c_j.p, c_i.p'\rangle \in L$，且 c_j 为函数组件，即该连接器源组件为函数组件，则

$$\text{value}(\langle c_i.p'\rangle) = \text{value}(c.p)\text{。}$$

(3) 若 $\exists\langle c_j.p, c_i.p'\rangle \in L$，且 c_j 为有限状态机组件，即该连接器源组件为有限状态机组件，则

$$\text{value}(\langle c_i.p'\rangle) = \text{value}(c_j.p, c_i.p')\text{。}$$

调用函数组件仿真算法，产生输出向量，更新其输出端口。

步骤 3 对每个有限状态机组件 c_i，对 $\forall p' \in I(c_i)$，

(1) 若 $\exists\langle c.p, c_i.p'\rangle \in L$，即该连接器源组件为组件 c，则

$$\text{value}(\langle c_i.p'\rangle) = \text{value}(c.p)\text{。}$$

(2) 若 $\exists\langle c_j.p, c_i.p'\rangle \in L$，且 c_j 为函数组件，即该连接器源组件为函数组件，则

$$\text{value}(\langle c_i.p'\rangle) = \text{value}(c.p)\text{。}$$

(3) 若 $\exists\langle c_j.p, c_i.p'\rangle \in L$，且 c_j 为有限状态机组件，即该连接器源组件为有限状态机组件，则

$$\text{value}(\langle c_i.p'\rangle) = \text{value}(c_j.p, c_i.p')\text{。}$$

调用有限状态机组件仿真算法，产生输出向量，更新其输出端口。

步骤 4 对 $\forall l = \langle c'.p', c.p\rangle \in L$，$\text{value}(\langle c.p\rangle) = \text{value}(c'.p', c.p)$。

5.4 组件的综合和仿真

5.4.1 组件的综合

1. 函数组件的综合

函数组件的综合流程如图 5-4 所示。

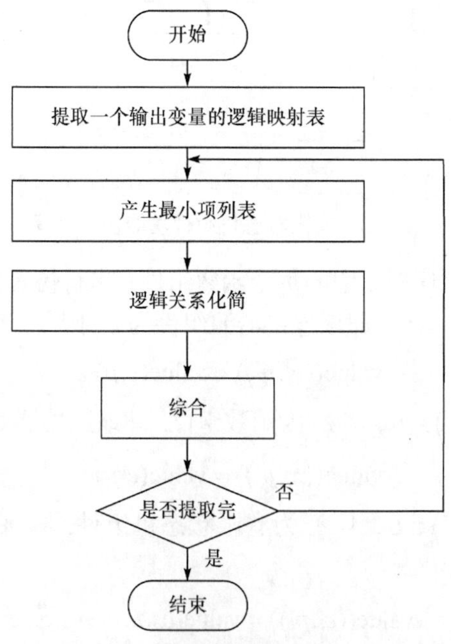

图 5-4 函数组件的综合流程

2. 有限状态机组件的综合

有限状态机组件的综合流程如图 5-5 所示。

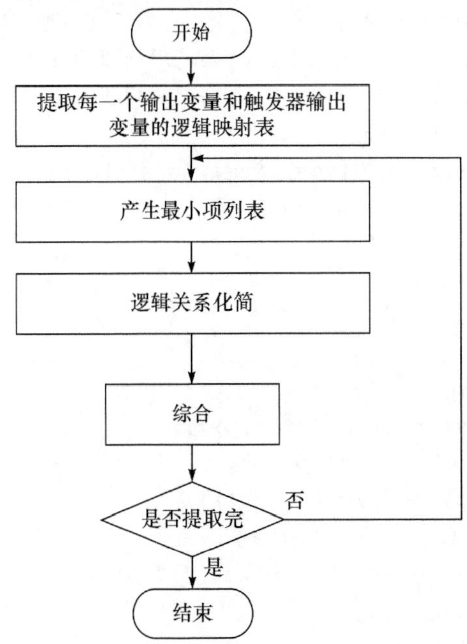

图 5-5　有限状态机组件的综合流程

3. 复合组件的综合

复合组件的综合调度是实现复合组件的 XML 描述到 Verilog 描述的转换过程。

算法 5-1　实现了复合硬组件的综合调度。

```
/*
算法 5-1 SynthesisComp
功能：复合硬组件综合调度
输入：复合硬组件抽象描述 XCompAST，通过解析器产生或展开运算产生
输出：Verilog 抽象描述 VerilogAST
*/
//获取组件名、端口列表、子构件列表和连接器列表
Comp(Name,IPorts,OPorts,SubComps,Conns)←XCompAST;
V←Φ;
A←Φ;
M←Φ;
while (SubComps≠Φ)
```

```
    {
      C←first(SubComps);
      CName←getName(C);                       //获取子组件实例名
      CType←getType(C);                       //获取子组件类型名
      CIPs←{CName^"_"^n|n∈I(C)};    //获取子组件输入端口列表并重命名
      COPs←{CName^"_"^n|n∈O(C)};    //获取子组件输出端口列表并重命名
      V←V∪CIPs∪COPs;                                //加入信号声明列表
      M←M∪{Instance(CType,CName, Ops∪IPs)};        //加入实例声明列表
      SubComps←SubComps-{C};
    }
    while (Conns≠Φ)
    {
      l←first (Conns);
      if (l=〈p,c'.p'〉)
      A←A∪{Assign (c'^"_"^p',p)};                   //加入连续赋值列表
      else if (l=〈c'.p',p〉)
      A←A∪{Assign (p,c'^"_"^p')};                   //加入连续赋值列表
      else if (l=〈c.p,c'.p'〉)
      A←A∪{Assign (c'^"_"^p', c^"_"^p)};            //加入连续赋值列表
      Conns←Conns-{l};
    }
return Module(Name,IPorts,OPorts, V, A,M);          //返回
```

5.4.2 组件的仿真

1. HDL 仿真

HDL 仿真即采用现有的 EDA 工具进行前仿真（功能仿真）、后仿真（门级仿真）和布局布线后仿真。用复杂数字逻辑系统的 XML 综合得到的 Verilog 作为 EDA 工具的源文件输入。前仿真即确定所设计的系统是否满足设计意图，通过给出一定的激励信号，观察输出端口、输入端口以及所有涉及信号的波形来确定，因前仿真不涉及延时信息，所以前仿真成功的工程不一定能够被综合。后仿真则将电路的各种延时信息和连线情况均考虑在内，且是可以被综合的。布局布线后仿真是最接近于实际电路的仿真，包含了电路和走线的延时信息。

仿真可以采用 ISE 工具 Isim、ModelSim 和 Multisim 进行，综合可以采用 ISE 工具 XST、Synplify。

2. 协同验证仿真

仿真是由初始激励信号触发 t 仿真的时刻，T 是允许仿真的时间上限。仿真是

从顶层组件开始，先检查组件的端口，根据当前的输入端口值和驱动行为产生新属性值和输出端口值。如果输出端口有连接器，则将数据传递到相应的端口。下一步开始检查，若所有组件在一轮仿真中全被仿真，且 $t < T$，则可以开始下一轮的仿真；若 $t > T$，则结束仿真。若一轮中的组件没有全部被仿真，且 $t < T$，则需重复之前的操作。仿真算法流程，如图 5-6 所示。

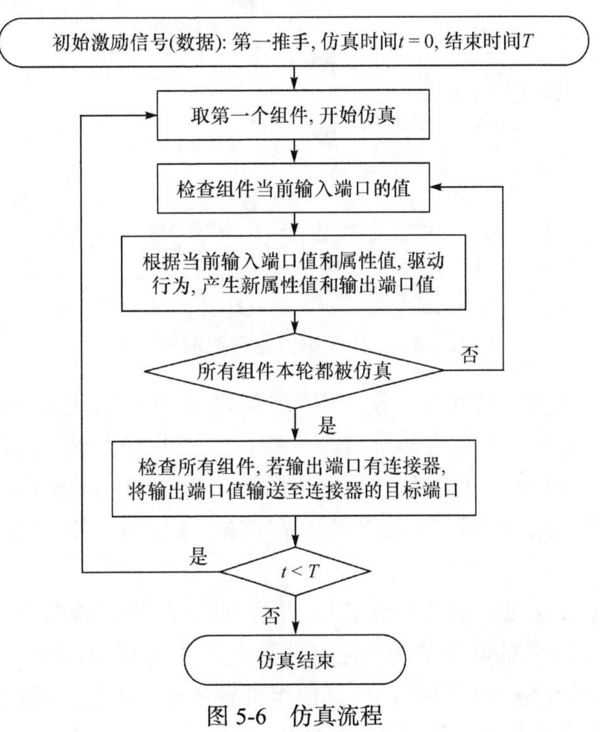

图 5-6　仿真流程

1) 通信机制

模型通信机制设计重点在于构成模型的组件之间的数据通信机制的设计，共分为两种情况，其一为原子组件数据通信机制，其二为复合组件数据通信机制。

对于所有的原子组件，其内部均存在一个消息接收队列和一个消息发送队列，同时，所有端口均存在内部队列。

(1) 原子组件数据通信机制。

设定在一个模型内部存在原子组件 A 到原子组件 B、原子组件 C 的数据通信，如图 5-7 所示。

对于组件 A，其数据发送过程为：组件 A 首先判断其输出端口集合是否为空，若不为空，则进一步判断其消息发送队列是否存在数据，若存在，则消息发送队列数据出队，并开辟临时存储空间(Temp)用于存储出队数据；然后，组件 A 遍历其所有输出端口并使 Temp 数据进入各输出端口队列；最后，各输出端口检测其是否存在连接器，若存在，则依据连接器将数据传输至另一组件输入端口。

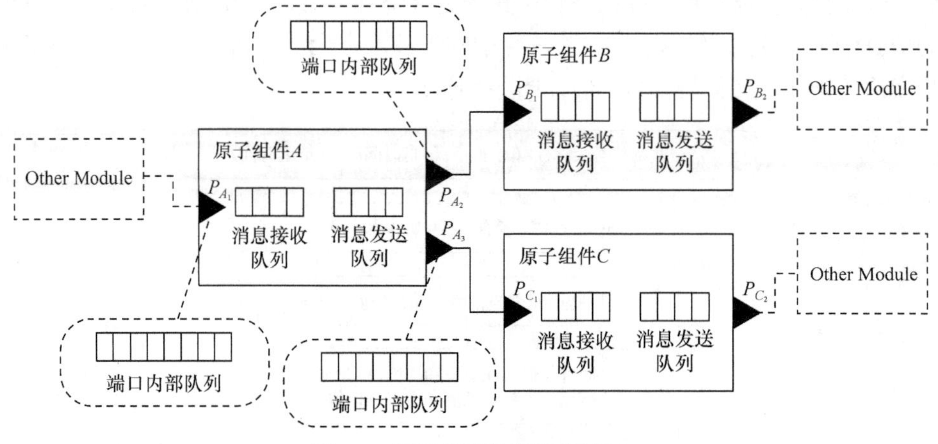

图 5-7　原子组件数据通信机制

对于组件 B 或 C，其数据接收过程为：组件 B 或 C 首先判断其输入端口集合是否为空，若不为空，则遍历其所有输入端口并判断输入端口内部队列是否存在数据，若存在，则将端口内部队列数据出队并开辟临时存储空间(Temp)用于存储出队数据；然后，组件判断 Temp 是否存在数据，若存在，则使 Temp 数据进入组件接收队列。

至此，组件数据接收过程设计完毕，但为便于后续建模仿真过程中利用监视器观察组件输入端口处数据情况，在组件数据接收过程中添加以下算法步骤：继续判断组件 B 或 C 输入端口是否与其他组件输入端口相连，若相连，则依据连接器将 Temp 数据传输至其他组件输入端口。

组件数据发送算法如算法 5-2 所示。

算法 5-2　ComponentDataTransfer。

输入参数：comp 表示进行数据传输的组件。

```
public void ComponentDataTransfer(Component comp){
if(comp.output_ports== null)
   return;
Object temp = null;
if(comp.Component_send_queue.Count> 0){
   temp =this.Component_send_queue.Dequeue();
   /*遍历所有输出端口*/
   foreach(Output_port outputin this.output_ports){
   if(temp != null)
```

```
output.Port_queue.Enqueue(temp);
/*若输出端口连接点存在连接器*/
  if(output.PortConnector.Connections.Count> 0){
    Object temp2 = null;
     temp2 = output.Port_queue.Dequeue();
     /*遍历输出端口所有连接器*/
     foreach(Connection conn inoutput.PortConnector.
      Connections){
     Connectorend_connector = conn.To;
     Portend_port = (Port)end_connector.BelongsTo;
     //输出端口数据传输至另一组件输入端口
     end_port.Port_queue.Enqueue(temp2);
  }}}}}
```

组件数据接收算法如算法 5-3 所示。

算法 5-3　ComponentDataReceive。

输入参数: comp 表示进行数据传输的组件。

```
public void ComponentDataReceive(Component comp){
if(comp.input_ports== null)
   return;
/*遍历组件中所有的输入端口*/
foreach(Input_port input incomp.input_ports){
Object temp = null;
/*若输入端口内部队列存在数据*/
if(input.Port_queue!=null&&input.Port_queue.Count>0){
   temp = input.Port_queue.Dequeue();
   /*输入端口内部队列数据出队并进入组件接收队列*/
   comp.Component_reveice_queue.Enqueue(temp);
   /*若输入端口与其他组件输入端口相连，则将数据传给其他组件输入端口*/
   if(input.PortConnector.Connections.Count>0){
     foreach(Connection conninput.PortConnector.Connections){
     Input_portinput_end = (Input_port)conn.To.BelongsTo;
     input_end.Port_queue.Enqueue(temp);
    }}}}}
```

(2) 复合组件数据通信机制。

设定在一个模型内部存在复合组件 D，如图 5-8 所示，组件 D 输入端口 P_{D_1} 和输出端口 P_{D_2} 与外部其他组件相连，在组件 D 内部又包含有组件 E、组件 F 及其他组件。

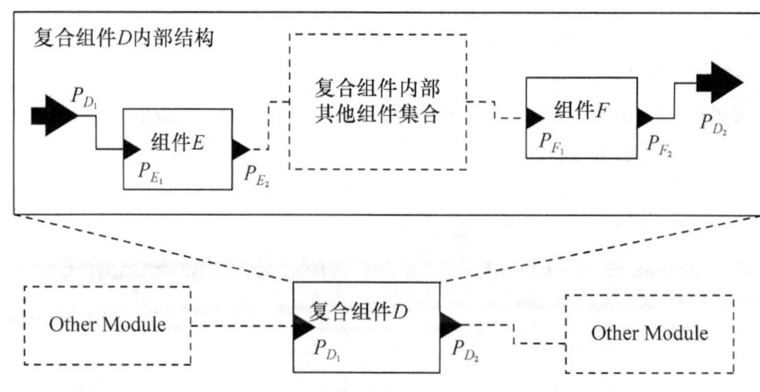

图 5-8　复合组件数据通信机制

对于复合组件 D, 其数据发送过程为: 组件 D 首先判断其输出端口内部队列是否存在数据且输出端口是否存在连接器, 若同时满足条件, 则输出端口内部队列数据出队, 并开辟新的临时存储空间(Temp)用于保存出队数据; 然后, 输出端口遍历其所有连接器, 并根据每个连接器连接情况将数据分别传输至所连接的另一组件输入端口。

对于复合组件 D, 其数据接收过程为: 组件 D 首先判断其输入端口内部队列是否存在数据且输入端口是否存在连接器, 若同时满足条件, 则输入端口内部队列数据出队, 并开辟新的临时存储空间(Temp)用于保存出队数据; 然后, 输入端口遍历其所有的连接器, 并根据每个连接器连接情况将数据分别传输至所连接的内部组件输入端口(如本例中组件 E 的 P_{E_1} 端口)。

复合组件通信与原子组件通信的主要区别在于, 由于复合组件存在内部组件之间的通信, 故需要将其端口数据传输单独进行考虑, 其内部数据通信过程与原子组件通信机制相同, 若内部仍存在复合组件, 则继续递归执行上述复合组件端口传输算法, 直至其内部组件全部为原子组件。

复合组件端口数据通信算法如算法 5-4 所示。

算法 5-4　PortDataTransferReceive。

输入参数: port 表示进行数据传输的端口。

```
public void PortDataTransferReceive(Port port){
if(port.GetType().Name == "Output_port"){ /*若端口类型为输出端口*/
    Output_port output = (Output_port)port;
    Object temp = null;
    /*若输出端口内部队列不为空且存在连接器*/
    if(output.Port_queue.Count>0&&output.PortConnector.
     Connections.Count>0){
      temp = output.Port_queue1.Dequeue();
```

```
      /*遍历输出端口所有连接器*/
      foreach(Connection conn inoutput.PortConnector.
       Connections){
      Connectorend_connector = conn.To;
      Portend_port = (Port)end_connector.BelongsTo;
      end_port.Port_queue.Enqueue(temp);
    }}}
if (port.GetType().Name == "Input_port"){  /*若端口类型为输入端口*/
      Input_port input = (Input_port)port;
      Object temp = null;
      /*若输入端口内部队列不为空且存在连接器*/
    if (input.Port_queue.Count>0&&input.PortConnector.
     Connections.Count>0){
      temp = input.Port_queue1.Dequeue();
      /*遍历该输入端口所有连接器*/
      foreach(Connection conn in input.PortConnector.
       Connections){
      Connectorend_connector = conn.To;
      Portend_port = (Port)end_connector.BelongsTo;
      end_port.Port_queue.Enqueue(temp);
     }}}}
```

2) 仿真算法

仿真算法过程中，不仅会产生相关的结果，且对仿真组件有效性和仿真时间有效性进行验证。XModel 具体仿真算法如算法 5-5 所示。

算法 5-5　仿真算法。

算法符号含义：

$C = \{ c_i \mid \langle S, B\rangle , i\in \mathbb{Z}^+ \}$，　　//$C$ 组件集，c_i 组件集中具体某一组件。

$S = \{ C, P, A, L \}$，　　//C 为此复合体组件的内部组件集，内部组件集可表示 $\{c_j, i\in \mathbb{Z}^+\}$，

//P 端口集合，A 属性集，L 连接器集。

$A = \{ a_m \mid \langle \text{id}, \text{type}\rangle, m\in \mathbb{Z}^+ \}$，　　//$A$ 属性集，a_j 属性集中具体某一属性。

$L = \{ l_b \mid \langle \text{id}, \text{source}, \text{target}\rangle, b\in \mathbb{Z}^+ \}$，　　//$L$ 连接器集，l 连接器集具体某一连接器。

$P = \{ p_k \mid p\in\{I, O, IO\}, k\in \mathbb{Z}^+ \}$，　//$P$ 端口集，p 端口集具体某一端口，包括端口类型。

$I = \{i_a \mid \langle \text{id}, \text{type}\rangle, a\in \mathbb{Z}^+ \}$，$O = \{i_b \mid \langle \text{id}, \text{type}\rangle, b\in \mathbb{Z}^+ \}$，$IO = \{i_c \mid$

⟨id, type⟩, $c \in \mathbb{Z}^+$ }。

输入:

$\texttt{Tree}_c$运行树：树状结构储存具有嵌套层次结构的各组件在仿真运行时的关键信息。

$c_{\texttt{time}}$时间信号激励组件：触发系统仿真运行推手，监控与控制仿真时间。

c_i ($i \in \mathbb{Z}^+$)系统各个组件：$\texttt{Tree}_c$中各节点是数据结构。

T仿真时间：确定系统运行的总仿真运行时间。

$\texttt{Table}_p$端口值变化记录表：记录组件端口值前后时序的变化。

输出:

仿真运行的动态结果

(1) getRoot($\texttt{Tree}_c$)　　//获取 $\texttt{Tree}_c$ 的根节点 c_0，也就是顶层模型相关信息

(2) **if** $\texttt{Tree}_c.c_0$是复合型组件&&$\texttt{Tree}_c$不为空

(3) 　**if** $c_{\texttt{time}} \in \texttt{Tree}_c.c_0.c_j$　　//顶层模型是否存在时间信号激励组件

(4) 　　**while** $\texttt{Tree}_c.c_0.c_{\texttt{time}}.t < T$ //若超过仿真时间则终止仿真

(5) 　　　递归调用仿真功能函数 Simulink($\texttt{Tree}_c.c_0$)

(6) 　　　t++ ;　　//进入下一时刻的仿真

(7) 　**else**

(8) 　　**print** 缺少时间信号激励，无法正常仿真

(9) 　　stop simulation　　//终止仿真;

(10) **else**

(11) 　**print** 建立项目系统程序运行信息不完整　　//提供仿真出错的相关信息

(12) 　stop simulation　　//终止仿真

Simulink($\texttt{Tree}_c.c_i$)仿真功能函数模块

//检查输入端口值的数值完整性

(13) **if** check $\texttt{Tree}_c.c_i.\texttt{inport}_a$.value &&$\texttt{Tree}_c.c_i.\texttt{outport}_a$.value

(14) 　$\texttt{Tree}_c.c_i.\texttt{inport}_a$.value→$\texttt{Table}_p$//记录当前组件输入端在当前时刻的值

//,将根据当前组件的连接器 将输出端口的值传递给连接器的目的端口

(15) 　($\texttt{Tree}_c.c_i.\texttt{outport}_a$.value, $\texttt{Tree}_c.c_i.l_b$)→$\texttt{Tree}_c.c_i.l_b$.target

(16) 　$\texttt{Tree}_c.c_i.l_b$.target→$\texttt{Table}_p$

//(11)-(14)过程为了所有组件当前时间端口的初始化;

//根据当前输入端口值、属性值及驱动行为，产生新属性值和输出端口值

(17) 　　$\texttt{Tree}_c.c_i$.behavior($\texttt{Tree}_c.c_i.a_m$.value, $\texttt{Tree}_c.c_i.\texttt{in}_a$.value)→($\texttt{Tree}_c.c_i.a_m$.value, $\texttt{Tree}_c.c_i.\texttt{out}_a$.value)

(18) 　$\texttt{Tree}_c.c_i.\texttt{out}_a$.value→$\texttt{Table}_p$　//记录当前组件输出端在当前时刻的值

(19) 　**while** $\texttt{Tree}_c.c_i.c_j$.count > 0　//当前组件的内部组件数量不为零

(20) 　　Simulink($\texttt{Tree}_c.c_i.c_j$)　　//继续访问当前组件内部的组件

(21) **else**

(22) 　**print** 端口数据信息不完整　　//提供仿真出错的相关信息;

(23) 　stop simulation　　//终止仿真

5.5 FPGA 在线验证

组件的 FPGA 在线验证是基于流文件或者网表文件，而书中采用借助现有的 EDA 工具进行 HDL 综合的方法将设计的高层次描述(如 Verilog HDL 描述等)转换为门级网表，以便进行下一步的 FPGA 在线验证。而对于高层次的描述是对于标准的单元库中的元件，如基本的与、或、非等门，多路选择器，加法器和一些特殊的触发器。

5.5.1 FPGA 简介

在 CPS 异元组件系统设计完成后，对其进行的仿真无法保证此系统的完全正确性，因为对于复杂数字系统设计而言，功能和时序正确并不一定能够确保在实际电路中获得高性能。在此，我们通过 FPGA 平台将系统放在实际电路中进行验证，从而能够更深层次地发现设计中的错误。

5.5.2 FPGA 在线验证

此在线验证方法主要是采用通用异步收发传输器(UART)进行 PC 和 FPGA 目标板之间的通信，设计者通过 UART 将并行的输入信号转换为一系列的串行信号，并将其传送至 FPGA 目标板，也可从 FPGA 目标板上接收到反馈的串行信号，并转换为并行的输出信号。下面给出需验证组件的输入和输出端口，根据在线验证平台产生器可以生成一个基于 UART 通信的验证平台。这种方式可以解决 FPGA 目标板引脚有限的问题，而且支持更多的输入输出向量，并应用于复杂数字逻辑系统的在线验证。

1. UART

目前，UART 一般与其他的通信标准联合使用，如 EIA RS-232，UART 通常被作为一个单独的集成电路而用于微控制器或者 FPGA 开发板上。本书采用 RS232 标准的 9 个引脚的 UART，主要是引脚 2 和引脚 3: Rxd 和 Txd。建造如图 5-9 所示的 UART 用于发送和接收数据至 FPGA 开发板。

图 5-9 为 UART 的主要结构及其内部连线图，由三大模块组成：发送模块(异步 RS232 发送器)、接收模块(异步 RS232 接收器)和时钟使能发生器模块。

异步 RS232 发送器的工作机制:

(1) 在 Txd_start 上升沿，启动异步 RS232 发送器;

(2) 异步 RS232 发送器启动后，从 Txd_data 接收 8 位并行数据并串行化，逐位通过 TxD 发出。

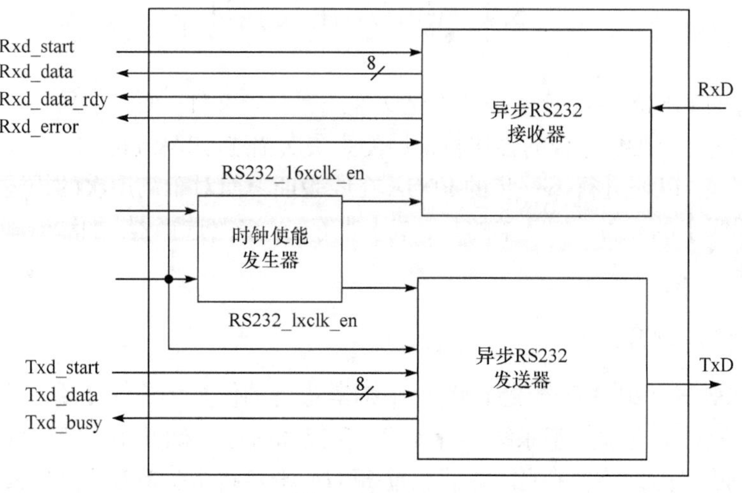

图 5-9　UART

异步 RS232 接收器的工作机制:

(3) 在 Rxd_start 上升沿, 启动异步 RS232 接收器;

(4) 异步 RS232 接收器逐位从 RxD 接收信号, 并存储到 8 位内部寄存器中;

(5) 在 8 位数据接收完成, 经验证正确后, 将其通过 Rxd_data 送出。

2. 激励信号处理

电路验证组件一般包含多个用于接收激励信号的输入端口, 本书采用如图 5-10 所示的帧接收器处理 UART 接收到的 8 位数据。

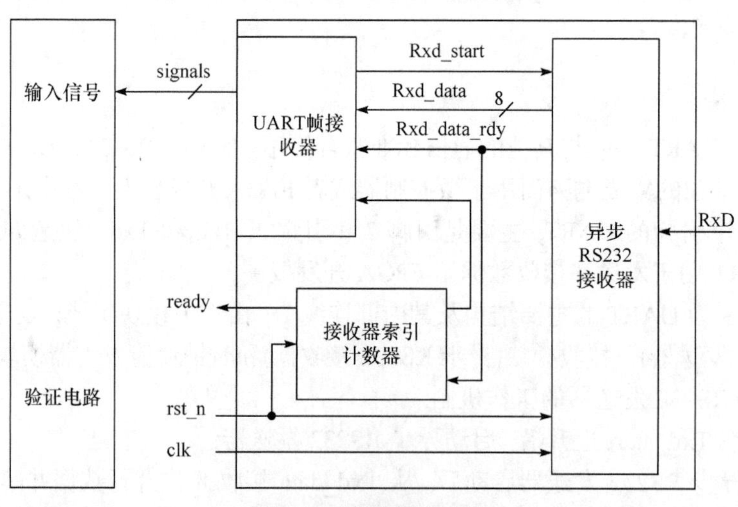

图 5-10　激励信号处理

3. 反馈信号处理

当验证电路组件接收到激励信号后，产生并行的反馈信号，为了将这些信号通过 UART 发送给 PC，设计如图 5-11 所示的帧发送模块来传送 8 位的信号。

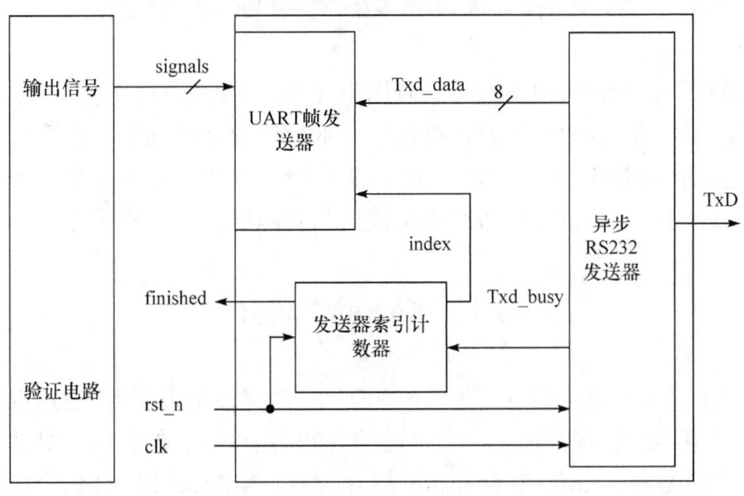

图 5-11 反馈信号处理

4. 验证平台

验证平台包含帧接收器、待验证电路组件、帧发送器和主控制器。一般情况下，电路组件会被使能信号或者时钟信号触发。

FPGA 验证平台结构如图 5-12 所示。主控制器主要用于产生控制帧接收器、帧发送器和待验证电路组件进行交互的信号。帧接收器接收到信号后，主控制器控制待验证电路组件开始工作，若待验证电路组件完成工作后则返回完成信号。并启动帧发送器发送帧信号。

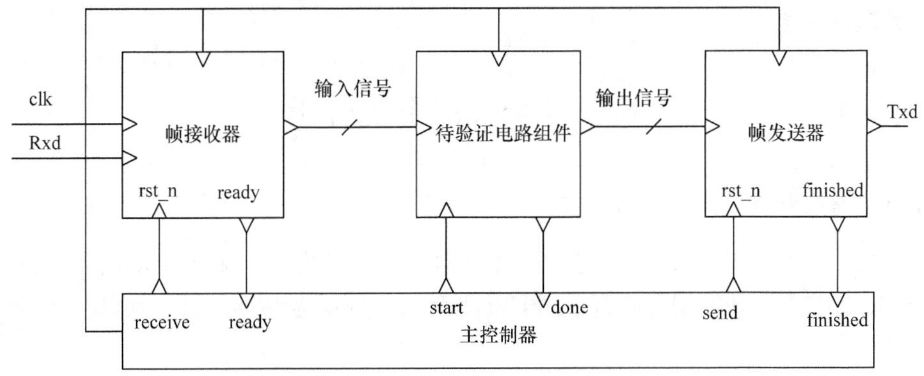

图 5-12 FPGA 验证平台

第 6 章　CPS 建模与验证平台

XModel 平台为自行研发的一个应用于 CPS 建模仿真的实验平台, 具备便捷的可视化建模环境, 并提供了建模组件库。本章详细介绍 XModel 平台的相关系统设计, 包括前端框架设计、XML 解析器设计、组件库设计及模型仿真执行设计, 同时, 对基于 XModel 平台进行系统建模与实施进行了相关说明。

6.1　XModel 简介

XModel 为本书自主研发的一款应用于 CPS 建模仿真与验证的实验平台, 主要为解决采用 XML 规范描述语言描述的 CPS 组件模型的解析、组件有效性检验、组件模型仿真、XML 综合等问题而开发的。XModel 以 XML 为源语言, 实现词法分析、语法分析和语义分析, 并进行模型的有效性验证(包含完整性验证和稳定性验证); 同时, 通过仿真得到验证后的结果进行 XML 综合为 Verilog 代码并借助现有的 EDA 工具进行 HDL 仿真验证和 HDL 综合, 以生成流文件或网表文件, 最后下载到目标板上进行 FPGA 在线验证。

为进一步满足复杂 CPS 环境下的建模与仿真, XModel 提供了便捷的可视化建模环境, 并提供了一套基本组件库和一套 CMIoT 组件库。基本组件库中组件划分为物理、感知、控制、计算、通信、传输、存储七个类别, 可用于物联网系统模型的构建与仿真。同时, 为便于社区医疗物联网模型的构建, 在 XModel 中定制了一套 CMIoT 组件库, 提供了用户、传感节点、网关、信道、路由器、服务器等六类组件。

6.2　XModel 系统分析

6.2.1　系统开发工具及运行环境

CPS 建模仿真与验证的实验平台 XModel 的开发工具采用 Micorsoft Visual Studio 2017 版, 开发编程语言采用 C#, 平台运行环境为 Windows 7 及以上版本操作系统。

6.2.2　系统组成及功能

XModel 是由编译子系统、有效性检验子系统、原型仿真子系统、XML 综合子系统、HDL 仿真子系统、HDL 综合子系统和 FPGA 在线验证子系统七部分组成, 如图 6-1 所示。

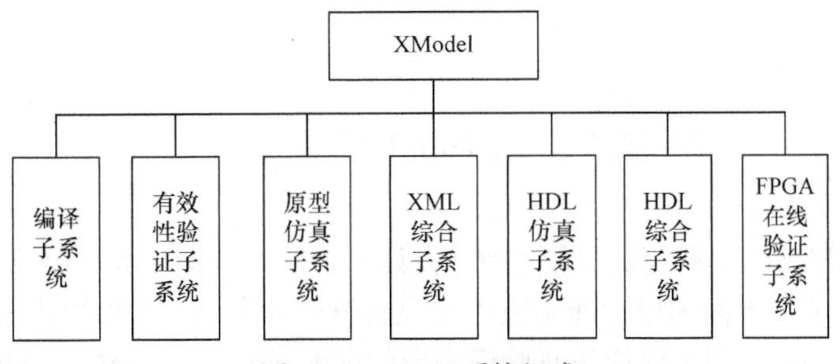

图 6-1　XModel 系统组成

(1) 编译子系统: 主要是对输入的 XML 源程序进行词法分析、语法分析, 根据给定的 XML 文法以及自定义的 XML 规范描述检查输入的源文件是否满足规定, 是则进行下一步, 否则给出相关的错误信息。模型中的组件的描述方式都采用只描述组件和其内部组件的情况, 存储的方式是采用相互独立的 XML 源文件。将描述整个模型所有组件的 XML 源文件载入 XModel 建模仿真平台, 根据 XML 文件中的结构描述信息, 将各个组件综合为具有关联性、组织性的树状结构, 称为运行树, 为下一步运行仿真做准备。

(2) 有效性验证子系统: 主要是对经过编译的输入文件进行输入向量与输入端口的匹配, 输出向量与输出端口的匹配, 并检查 FSM 中是否存在有向环。

(3) 原型仿真子系统: 对于复杂数字逻辑系统模型, 根据给定的激励文件检测电路是否存在逻辑错误, 并输出相应的波形或者输出信号文件; 对于一般 CPS 模型, 主要的作用是对建立的模型进行仿真运行, 并产生运行结果。其中, 仿真子系统包括了仿真组件有效性验证和仿真时间有效性验证两个主要功能部分。仿真组件有效性验证主要是针对编译的输入文件进行的, 组件与组件之间端口的数据类型是否匹配, 组件与组件的层次结构关系是否符合正常逻辑, 会监视每个组件的端口在一轮的运行过程中是否进行接收或者发送数据信息, 若某端口的数据出现问题。仿真时间有效性验证主要针对数据的传输线路是否存在闭环以及仿真的时间是否存在一定条件约束的问题, 监视运行的时间是否符合仿真时间的条件约束, 不符合也同样终止程序运行。

(4) XML 综合子系统: 采用语义分析、代码生成的方法将 XML 源文件综合为 Verilog 文件。

(5) HDL 仿真子系统: 调用现有的成熟的 EDA 软件对于 XML 综合产生的

Verilog 文件进行功能仿真、后仿真和布局布线仿真。

(6) HDL 综合子系统: 利用现有成熟的 EDA 软件将仿真得到的正确文件综合为网表文件。

(7) FPGA 在线验证子系统: 将仿真综合成功得到的网表文件下载到 FPGA 目标板上, 在接近于实际电路的情况下进行验证, 可以确保所设计系统的正确性和可用性。

6.3 XModel 系统设计

开发 XModel 建模仿真验证平台, 设计一个友好的图形界面是不可缺少的重要环节。为了使界面的设计能够更加规范且符合大多数用户的要求, 在设计界面之前需要参考有关用于建模仿真验证平台的图形界面, 研究分析 XModel 功能需要, 综合考虑两者,设计适合 XModel 建模仿真平台的图形界面及系统主要功能模块。

6.3.1 前端框架设计

在参考了多种不同的建模仿真验证平台(如 Ptolemy、Acumen、LabVIEW、Simulink、MATLAB 等)的基础上, 结合 CPS 组件建模特点及实际需求, 我们进行了 XModel 建模仿真验证平台前端框架设计。对于前端界面整体布局, 主要结合 XModel 平台主要功能的实现、平台界面的美观程度、对用户的友好程度等方面进行综合分析设计。XModel 整体的界面布局设计, 如图 6-2 所示。

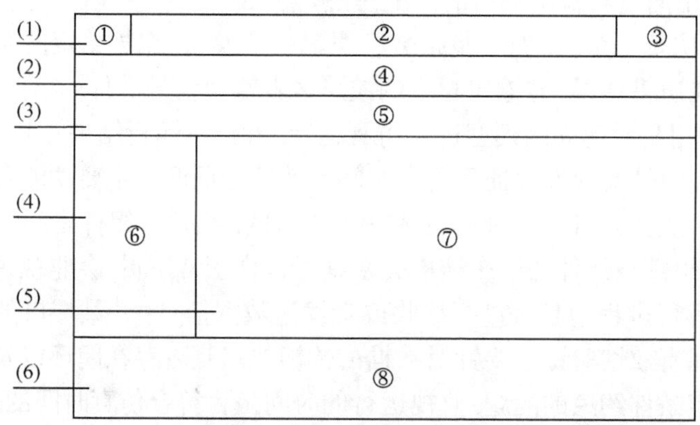

图 6-2　XModel 界面布局设计

(1) 表示 XModel 设计界面标题栏。

① 表示 XModel 建模仿真验证平台的图标(Icon);

② 表示当前显示界面的名称或者标题;

③ 表示 XModel 建模仿真平台提供窗体的放大、缩小和关闭的快捷功能。

(2) 表示 XModel 设计界面菜单栏。

④ 表示菜单栏中具体操作功能, 包括 File、Edit、View、Model、Help 等不同菜单项。File 菜单项如图 6-3 所示, 其子选项中包括以下功能: New Project、New XML File、Open、Save、Save as 以及 Exit 等功能选项，对应的功能快捷键分别为 Ctrl+N、Ctrl+Shitf+N、Ctrl+O、Ctrl+S、Ctrl+Shift+S 和 Ctrl+E。New Project 选项的功能是创建新的项目文件; New XML File 选项的功能是创建新的 XML 文件, 也是就创建新的源文件(.xml); Open 选项是打开已经创建好的项目或者项目中的 XML 文件(源文件); Save 选项的功能是保存新创建 XML 文件或处于编辑状态的 XML 文件或已完成的 XML 文件, 存储文件的位置是默认地址; Save As 选项的功能与 Save 选项的功能基本上是一致的, 唯一的区别是 Save As 的储存地址并非默认, 而是可自定义的; Exit 选项的功能是退出 XModel 建模仿真验证平台。

File	Edit	View	Model	Help
New Project Ctrl + N				
New XML File Ctrl+Shift+N				
Open Ctrl+O				
Save Ctrl+S				
Save as Ctrl+Shift+S				
Exit Ctrl+E				

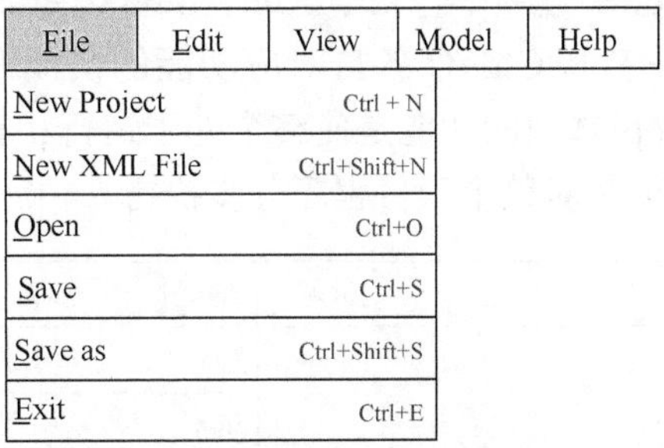

图 6-3　XModel 界面菜单栏 File 选项

Edit 选项如图 6-4 所示, 其子选项包括了 Revoke、Recovery、Cut、Copy、Paste 以及 Delete 功能选项。在功能选项栏中 Ctrl+Z、Ctrl+Y、Ctrl+X、Ctrl+C、Ctrl+V 和 Ctrl+D 各自对应功能的快捷键。Revoke 选项的功能是撤销在 XModel 建模仿真验证平台上的一系列编辑操作; Recovery 选项的功能与 Revoke 选项的功能恰好相反; Cut 选项的功能是对 XModel 建模仿真验证平台中编辑的 XML 代码内容进行部分或者完全地剪切操作; Copy 选项的功能是对 XModel 建模仿真验证平台中编辑的 XML 代码内容进行部分或者完全地复制操作; Paste 选项的功能是对 XModel 建模仿真验证平台中编辑的 XML 代码内容进行部分或者完全地粘贴操作; Delete 选项的功能是对 XModel 建模仿真验证平台中编辑的 XML 代码内容进行部分或者完全地删除操作。

如图 6-5 所示, 选中工作区中的某一组件, 单击 XML View 可详细查阅组件的 XML 描述方式。

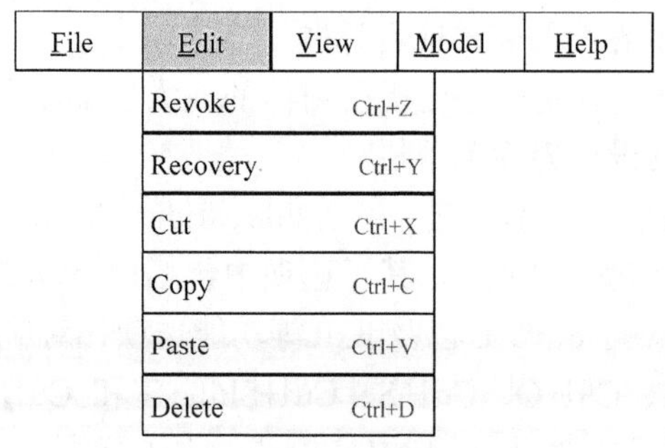

图 6-4　XModel 界面菜单栏 Edit 选项

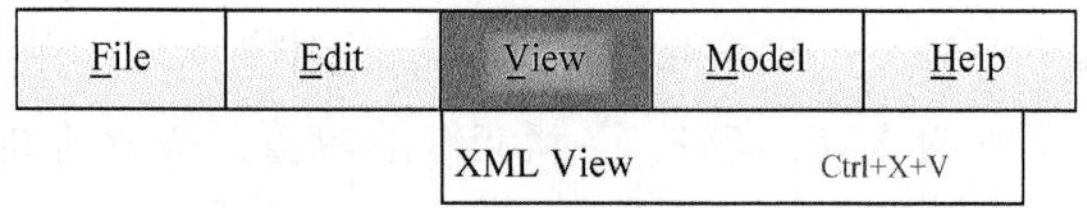

图 6-5　XModel 界面菜单栏 View 选项

如图 6-6 所示, Model 选项中包括了 Run、Stop 以及 Step 功能选项。在功能选项栏中 Ctrl+R、Ctrl+P 和 Ctrl+Q 各自对应功能的快捷键。Run 选项的功能是运行整个项目程序; Stop 选项的功能是使整个处于运行状态的项目程序转化为暂停状态; Step 选项的功能是对整个项目程序分步执行。

File　Edit　View　Model　Help
Run　Ctrl+R
Stop　Ctrl+P
Step　Ctrl+Q

图 6-6　XModel 界面菜单栏 Model 选项

如图 6-7 所示, Help 选项中包括了 Reference Manual、About 以及 License 功能选项。在功能选项栏中 Ctrl+F1 各自对应功能的快捷键。Reference Manuel 选项的功能是提供 XModel 建模仿真验证平台使用的参考手册; About 选项的功能是提供 XModel 建模仿真验证平台的相关信息; License 选项的功能是提供 XModel 建模仿真验证平台的证书。

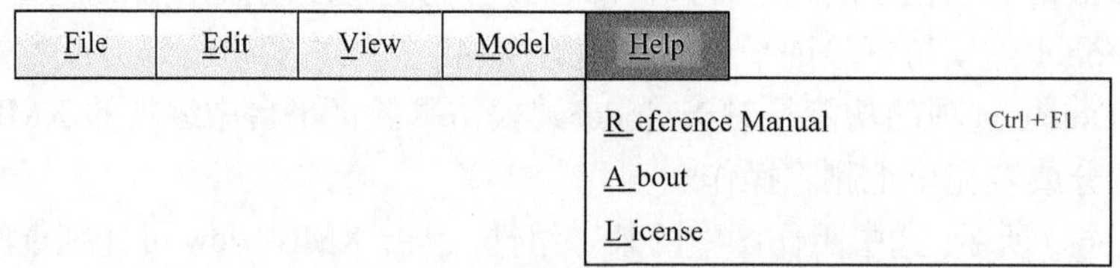

图 6-7　XModel 界面菜单栏 Help 选项

(3) 表示 XModel 设计界面工具栏。

XModel 设计界面工具栏如图 6-8 所示，其中包括存储文档按钮、运行项目程序的运行按钮、停止正在运行程序的终止按钮、进行 XML 程序编译的编译按钮以及综合项目中所有的 XML 文档的综合按钮。

图 6-8　XModel 设计界面的工具栏

(4) 表示 XModel 组件库。

如图 6-9 所示，(a)表示的是组件库存放常用的组件，便于快速建立模型；(b)表示模型的树状图，用于呈现模型中组件之间的层次关系。

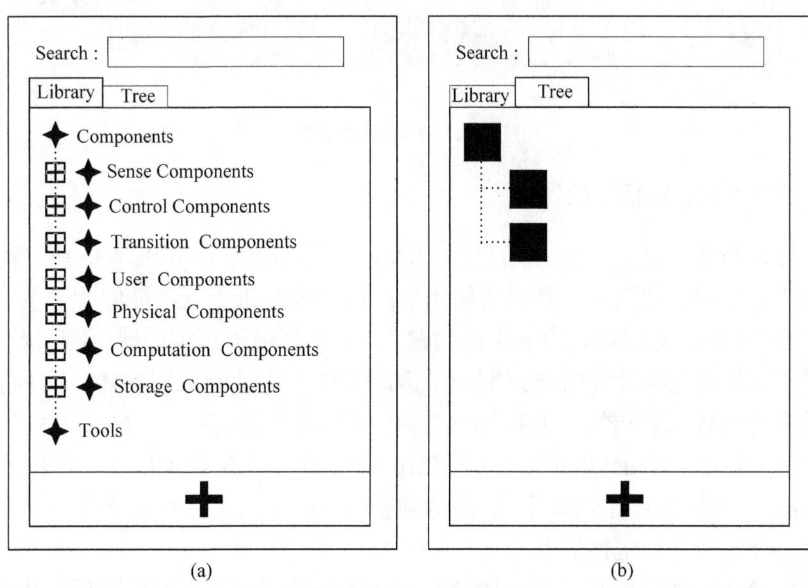

图 6-9　XModel 组件库界面

(5) 表示 XModel 设计界面工作区。

工作区界面是一个有拖动栏的窗口，如图 6-10 所示，在工作区界面窗口上方是窗口标签，当标签呈现暗灰色时表示当前的界面是选中状态(窗口标签的数量取决于用户)。在工作区界面的下方有 View 和 XML 标签，每一个窗口都有这两个标签。在 View 标签选中的状态下，在窗口中显示搭建的组件模型的实例；而在 XML 标签选中的状态下，搭建的组件模型转换为 XML 的建模语言。

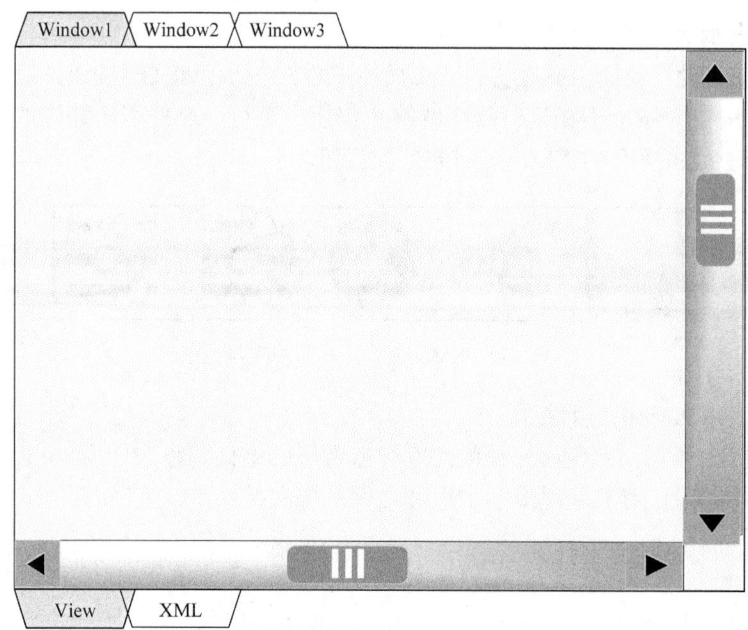

图 6-10　工作区界面图

6.3.2　组件 XML 解析器设计

在第 4 章中, 定义了异元组件的 XML 描述规范, 计算机本身并不能理解 XML 文件的内容, 类似于计算机所使用的高级语言接近于人类能够理解的自然语言, 但计算机却不能识别。为解决此问题, 产生了高级语言编译器, 将高级语言编辑的程序文件转化为计算机能识别的二进制文件。为了能识别 XML 文件的内容, 同样要建立 XML 编译器。CPS 异元组件协同建模与验证环境 XModel 采用 XML 为源语言, 通过 XModel 解析器中的 XML 解析模块和语义解析, 对 XML 源文件进行词法、语法以及语义解析, 从而达到验证 XML 源文件在系统综合仿真中的可行性、有效性和稳定性的目的。

CPS 异元组件建模与验证环境 XModel 解析器包括了 XML 解析模块和语义分析解析模块, 解析模块中包括了词法解析模块、语法解析模块, 如图 6-11 所示。XModel 解析器可根据自定义的 XML 描述规范检查输入的 XML 源文件是否

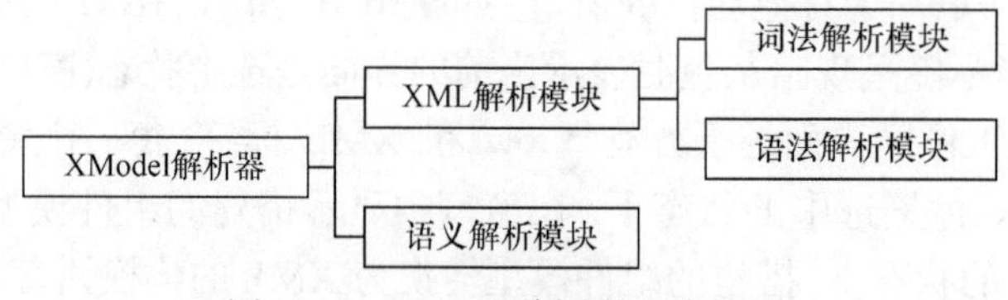

图 6-11　XModel 编译器组成结构

满足条件规范。若符合条件规范，则系统提示此次编译成功，反之系统将给出相关具体错误信息。

1. XML 解析模块的实现

XML 解析模块中包括了词法解析模块和语法解析模块。与常见的词法、语法解析过程相比，本书采用 XML 语法,语法解析方式存在差异，解析过程也会有所不同。首先介绍各种读取访问 XML 文档的模式，探讨与分析它们各自的优劣，并结合本书的 XML 文档的描述方式，选取读取 XML 文档最佳方案；然后阐述 XML 解析模块中的 XML 词法解析和 XML 语法解析的具体内容。

1) XML 访问方式

目前，对 XML 读取访问文档方式也存在多种主流的方式，DOM(Document Object Model)、SAX(Sample API for XML)、JDOM 以及 DOM4J。其中前两种方式属于基础方法，是官方提供的与平台无关的访问方式；而后两种属于扩展方法，是 DOM 和 SAX 两种方式的扩展，主要适用于 Java 平台。XModel 是在.NET 开发环境下，采用 C#为系统设计开发语言，因此，本小节仅对 DOM 和 SAX 两种基本方式进行分析和探讨。

XML 文档本身是结构化文档，如使用普通方式读写，会造成效率低和复杂性高的问题，导致提取 XML 文档中指定内容存在极大的困难。DOM 是文档对象模型，提供一种采用分层对象模型的方式，根据 XML 文档内容中的关键信息建立一棵用于检索访问节点的树，并通过此检索访问节点树可有效地访问 XML 文档。SAX 不是 W3C 推荐标准，却是整个 XML 行业的实际规范。它与 DOM 存在差异，SAX 给出一种顺序的访问模式，当触发事件时，SAX 解析器会调用相应的事件驱动处理函数完成对 XML 文档内容信息的访问，SAX 提供功能函数的接口也被称作事件驱动接口。如表 6-1 所示，分析 DOM 和 SAX 对 XML 文档访问方式的优劣。

本书采用两级层次建模和 XML 描述方式，对此 XML 文档不存在多级嵌套，则一次性存储 XML 文件占用的内存较小。同时，XML 的读取访问方式具有灵活性和完整性。根据上述 DOM 和 SAX 优劣探讨和分析，本书将采用 DOM 的读取方式。

表 6-1 DOM 与 SAX 优劣分析

解析方式	优势	劣势
DOM	① DOM 存储形式为树状数据结构，层次分明、处理方便 ② DOM 直接存储于内存，便于 XML 文档内容修改	① DOM 一次性读取 XML 文档内容方式，可能过度占用内存，增加计算处理的相应时间，影响效率 ② XML 文档过于庞大，可能出现溢出现象，导致无法正常运行

续表

解析方式	优势	劣势
SAX	① SAX 采用边读边处理的顺序事件驱动模式, 占用内存小 ② SAX 处理的数据信息主要针对 XML 文档的数据	① SAX 编程难度大, 且代码可读性、可理解性较差，对编程人员能力要求较高 ② SAX 不可同时访问同一 XML 文档中的不同数据, 处理烦琐

2) XML 解析模块

XML 解析模块包括了 XML 词法解析模块和 XML 语法解析模块。常见编程语言的词法解析先扫描源程序字符流, 按照源语言的词法规则识别出各类单词符号并生成语法解析所要处理的标记序列。语法解析是在词法解析的基础上, 分析源程序的语法结构是否符合文中给定自定义规范。本书可采用特殊的方式, 对 XML 源文件的词法和语法解析。

XML 条件约束目前有两种主流方式: DTD(Document Type Definition)和 XSD(XML Schema Definition)。DTD 具有低复杂性, 简单易用, 功能方面较弱; XSD 采用 XML 文档来制定条件约束, 相对 DTD 较为复杂, 但是功能强大。它可以支持丰富的数据类型, 且允许开发者自定义数据类型, 由此可以更好地处理复杂的语义约束。可以说, XSD 是 DTD 更好的代替者。下面总结和分析两者之间的优缺点:

(1) DTD 采用了非 XML 的语法描述 XML 的语义约束, 相对于由 XML 编写的 XSD, 后者在理解和实际应用中优于前者。DTD 仅能定义结构简单的 XML 文档, 但不具备定义复杂的 XML 文档能力。XSD 文档具有较强的结构性, 能理想给予嵌套复杂结构的 XML 文档条件约束。

(2) XSD 具备定义多种数据类型(字符型、整型、自定义类型等)功能, 而 DTD 无法实现。

(3) XSD 支持有序或者无序标签节点的描述方式, DTD 没有提供无序情况的描述, 只能通过枚举所有的排序情况, 从而导致其解析规范文档的冗余度较高。

经过对 XSD 和 DTD 的探讨与分析, 选择 XSD 为最佳方案。根据以上描述可知, XSD 本身就是一种 XML 文档。本书采用 XSD 自定义 XML 规范对 XML 源文件进行词法、语法解析。以下将介绍 XML 词法解析和 XML 语法解析的具体内容。

3) XML 词法解析

编译过程的第一步是进行词法分析, 该任务由词法分析器完成。词法分析器的作用是: 扫描源程序字符流, 按照源语言的词法规则识别出各类单词符号, 并产生用于语法分析的记号序列。在本系统中, 词法分析器(scanner)的主要功能如图 6-12 所示。

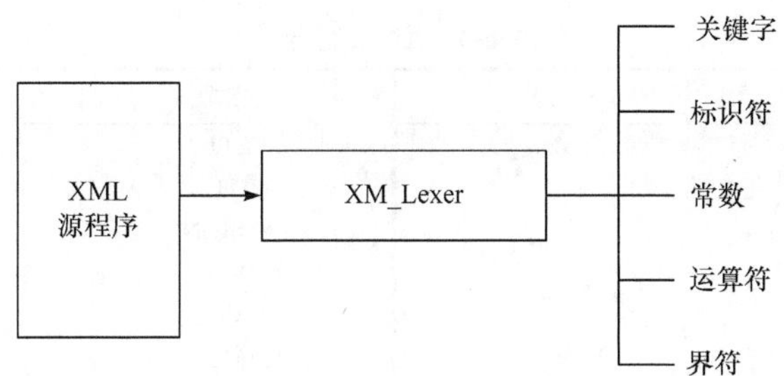

图 6-12　词法分析器的功能

该词法分析器使用表 6-2 给出的关键字表以及表 6-3 给出的符号表，在输入缓冲区中分离出一个单词，并对识别出的记号以〈token line="××" type="××" string="××" /〉的形式输出。

表 6-2　XML 关键字表

类型	标记号	类型	标记号
FILE	<file>	SUBCOMPONENT	<subcomponent>
COMPONENT	<component>	CONNECTORS	<connectors>
NAME	<name>	CONNECTOR	<connector>
PORTS	<ports>	ATTRIBUTES	<attributes>
INPUT	<input>	ATTRIBUTE	<attribute>
OUTPUT	<output>	Behavior	<behavior>
INOUT	<inout>	Guard Expression	<guard>
TYPE	<type>	Set Action	<set>
BODY	<body>	INSTANCE	<instance>
LOGICMAP	<logicmap>	CONNECTORS	<connectors>
TERM	<term>	CONNECTOR	<connector>
INPUT ACTION	<in>	BOOL	<bool>
OUTPUT ACTION	<out>	INT	<int>
MEALY MACHINE	<mealy>	REAL	<real>
MOORE MACHINE	<moore>	CLOCK	<clock>
TRIGGER	<trigger>	NEGTIVE	<negtive>
INITIAL	<initial>	POSITIVE	<positive>
TRANSITIONS	<transitions>	HIGH	<high>
TRANSITION	<transition>	LOW	<low>
current STATE	<current>	SOURCE	<source>
NEXT STATE	<next>	DESTINATION	<destination>
SUBCOMPONENTS	<subcomponents>		

表 6-3 XML 符号表

类型	标记号	类型	标记号
AND	&	LTJ	</
OR	|	GT	>
NOR	^	ASSIGN	=
PLUS	+	DOT	.
MINUS	–	LPAREN	(
STAR	*	RPAREN	)
SLASH	/	YINHAO	"
MOD	%	ID	id
LT	<	NUMBER	number

词法分析器的状态转换图如图 6-13 所示。

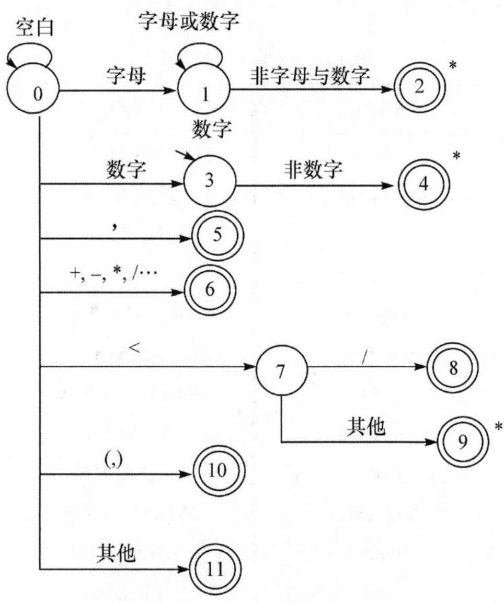

图 6-13 词法分析器的状态转换图

4) XML 语法解析

语法分析是在词法分析的基础上, 分析 XML 源程序的语法结构是否符合文中给定的文法规范, 即分析出由词法分析给出的单词组成如“程序”“表达式”“语句”等语法范畴, 进而识别判断出 XML 源程序的语法结构是否满足规范。

在本系统中, 采用如下的文法描述(简单的 XML 的文法及语法)。

```
program→ <? xml version="1.0" encoding=code standalone=opt?>
        <component name="ID">statement</component>
code → "UTF-8"|"GB2312"
opt →"yes"|"no"
statement →<includes>include- declaration </includes>
```

```
          |<ports>port-declaration</ports>
           <body>body-stmt</body>
include-declaration →<include>file<include>
file→ID
port-declaration→ <input type="KEY">ID</input>
                  <output type="KEY">ID</ output >
body-stmt→ <logicmap>item-stmt</logicmap>
item-stmt→ <in>in-stmt</in><out>out-stmt</out>
in-stmt→ expression-stmt
out -stmt→ expression-stmt
expression-stmt→ [ expression ]
expression→ ID = simple-expression
simple-expression→ factor [ ( op) factor ]
factor→ ( expression )| ID | NUM
op→{&, |, ^, +, -, *, /, %, (, )}
```

语法分析器框架流程如图 6-14 所示，经过词法分析器后，按照上文中给出的

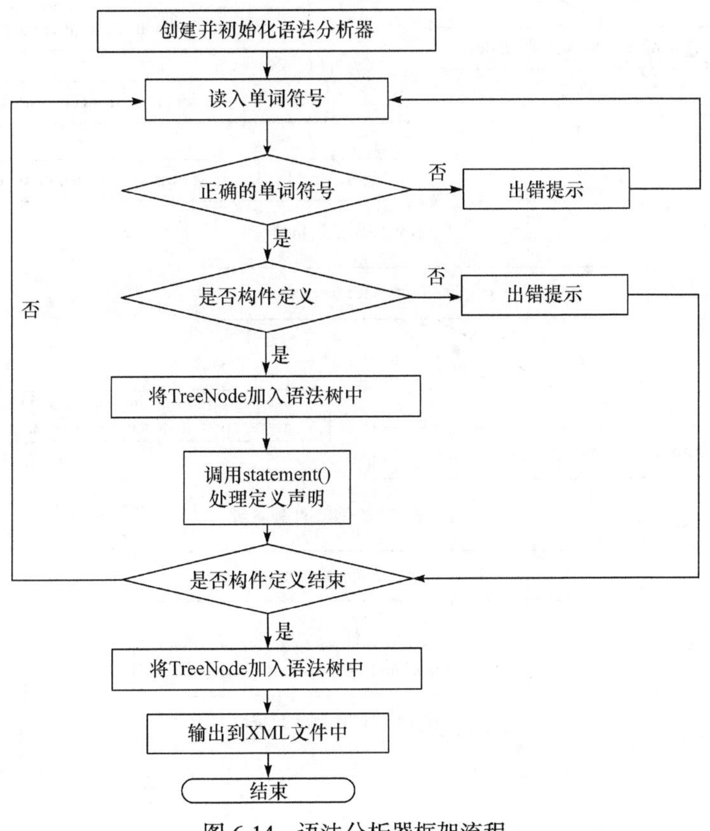

图 6-14　语法分析器框架流程

文法描述, 逐一地判断源文件中的单词是否满足所规定的语法要求, 满足则加入语法树, 反之则给出错误提示供程序员修改, 直至源文件无错误后将语法树输出到 XML 文件中, 供后续语义分析使用。

所建立的 XML 语法解析树如图 6-15 所示。

XML 源文件的文档结构是嵌套层次模型, XML 语法解析需要对 XML 源文件结构规范性进行解析与检查。为此, 同样定义了 XSD 解析文件 Schema.xsd, 如图 6-16 所示。

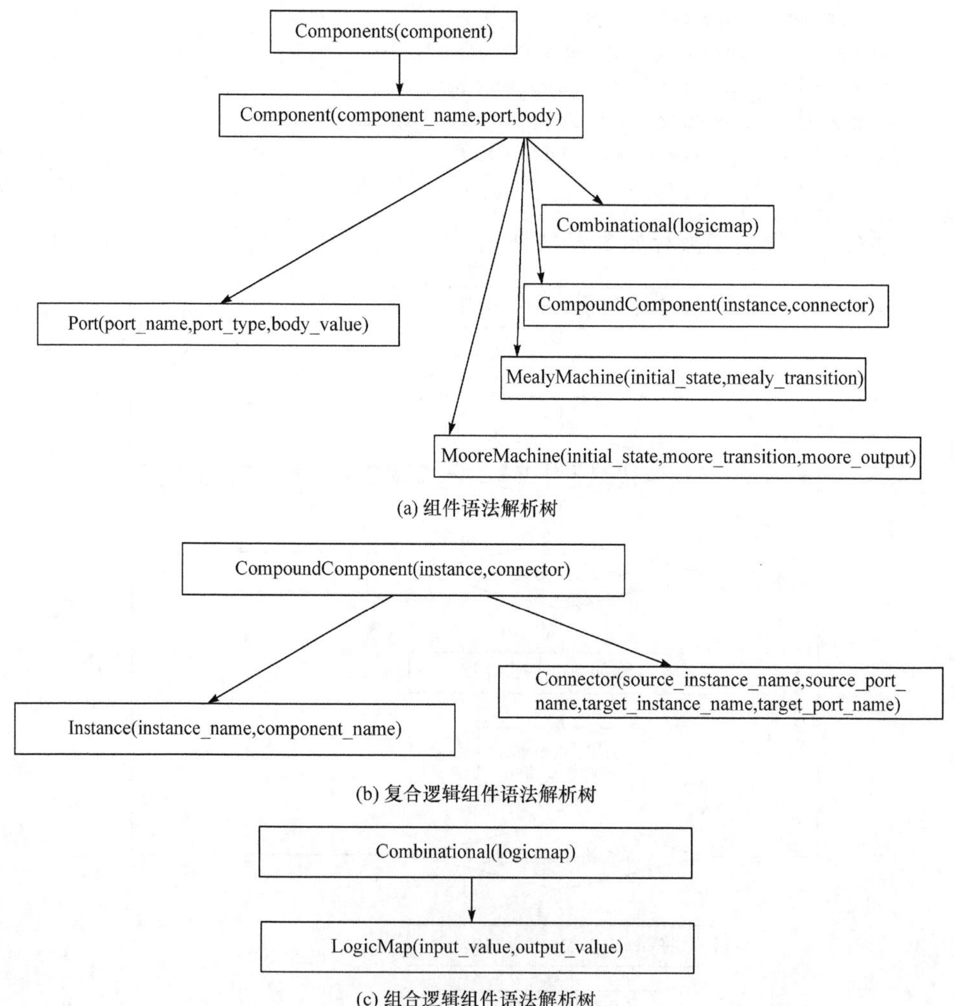

(a) 组件语法解析树

(b) 复合逻辑组件语法解析树

(c) 组合逻辑组件语法解析树

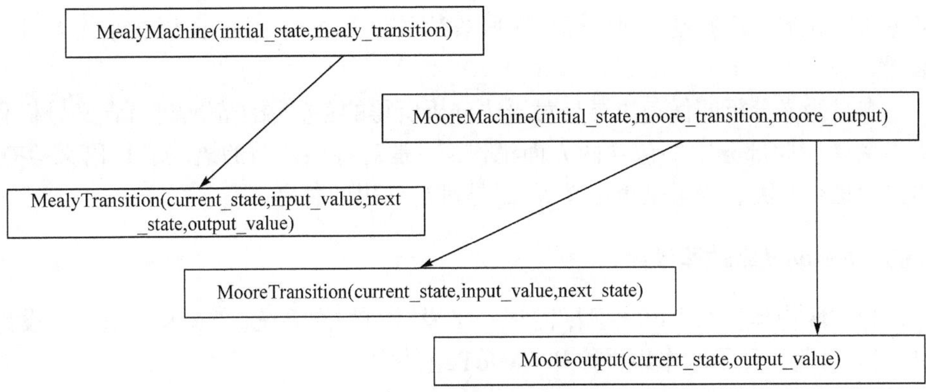

(d) 时序逻辑组件语法解析树

图 6-15　XML 语法解析树

myschema.xsd

```
<?xml version="1.0" encoding="UTF-8"?>
<xs:schema
    xmlns:xs="http://www.w3.org/2001/XMLSchema"
    targetNamespace="http://www.itcast.cn"
    elementFormDefault="qualified"
>
<xs:element name="file">
<xs:complexType>
<xs:all>
 <xs:element name="component" minOccurs="1" maxOccurs="1">
  <xs:complexType>
   <xs:all>
    <xs:element name="structure" minOccurs="0" maxOccurs="1">
     <xs:complexType>
      <xs:all>
       <xs:element name="ports" minOccurs="0" maxOccurs="1">
        <xs:complexType>
         <xs:sequence minOccurs="0" maxOccurs="unbounded">
          <xs:element name="input" minOccurs="0" maxOccurs="unbounded">
           <xs:complexType>
            <xs:simpleContent>
             <xs:extension base="xs:string">
              <xs:attribute name="type" type="xs:string" use="required"/>
             </xs:extension>
            </xs:simpleContent>
```

图 6-16　XSD 解析文件

2. 语义解析模块

在词法分析和语法分析部分主要解决 XML 源文件中单词和语言成分的识别，以及词法和语法结构的检查。但在编译器的构造中仅仅完成词法和语法分析两部分是不完全的，对于程序而言，不但在词法和语法结构上要满足给定的要求，其语义也必须正确，即源程序和目标程序所表达的语义必须一致，而语法结构上可以不同。

本书语义分析的任务主要是对语法分析所得的各类语法范畴进行含义分析和初步翻译。此部分主要包含两方面工作：一是对各种范畴的语法进行语义检查，如类型是否匹配、变量是否定义等；二是进行代码的翻译。

6.3.3 XModel 组件库设计

为方便构建复杂 CPS 模型，需进一步设计组件库系统。XModel 组件库设计中，我们目前设计了基本组件库和 CMIoT 组件库。

1. 基本组件库

物联网中融合各种复杂因子，为有效进行组件的设计，首先需对组件类别进行有效划分。依据组件功能的不同，将物联网组件划分为以下七类：①物理组件，用于执行和产生反馈，是物理世界中的个体，亦指环境，是物联网中的数据来源，也可以是物理空间中的行为实施者；②感知组件，用于数据信息采集；③控制组件，用于控制物理设备；④计算组件，用于对数据进行运算、加工、转换、处理等，以获取预期的数据；⑤通信组件，用于数据信息的发送与接收，其功能类似于通信模型中的调制器与解调器，将数据信息转换为可在特定通信介质上传输的形式，或接收通信介质上的数据信息；⑥传输组件，用于数据在无线媒介或有线媒介上的传输，可定义通信媒介的范围、丢包率、时延、传输速率等指标；⑦存储组件，用于数据存储。

基本组件库的设计基于物联网组件类别划分，库中的基本组件为物联网中构成各物体的基本元素，目前，本书中所设计的基本组件多为原子组件，基本组件库设计如图 6-17 所示。由于应用于物联网建模的组件数量众多，因而组件库的建设是一个根据用户建模需求逐步扩充的过程，组件库中所有组件均继承组件基类 Component，且所有组件均包含一个执行方法 run。

物理组件目前设计有人体血压组件、人体体温组件、人体心率组件，分别用于模拟人体相应的血压、体温、心率三类体征数据。三类组件均包括三个行为功能。以血压组件为例，其行为功能有：①基于函数模拟生成血压数据；②基于串口通信获取硬件平台采集的血压数据；③基于 MIT-BIH 生理数据库①获取数据库中血压数据。组件建模时，可根据用户仿真需求选用其中一种数据生成方式。

感知组件设计有血压传感器组件、体温传感器组件、心率传感器组件，三类传感器组件分别用于模拟传感器感知功能，接收来自血压组件、体温组件、心率组件所生成的体征数据。三类传感器组件均包含一个行为功能，即采样功能。以

---

① MIT-BIH Database. [Online]. Available: https://archive. physionet. org/cgi-bin/atm/ATM.

血压传感器组件为例，其采样功能具体为依据用户设定的采样周期，对所接收的数据进行采样，同时为模拟传感器设备由于可能存在的软件或硬件错误导致的数据采集误差，数据采样的过程中同时添加随机噪声数据。

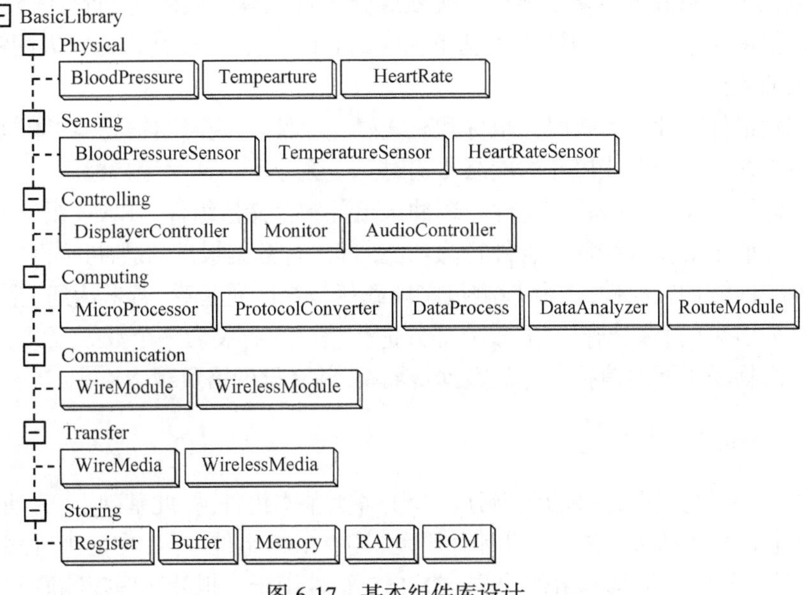

图 6-17　基本组件库设计

控制组件设计有显示控制器组件、监视器组件、音频控制器组件。其中显示控制器组件以图表的形式显示体征数据变化情况；监视器组件用于实时观测模型在仿真执行过程中各个组件端口的数据传输情况，以便了解模型的数据通信情况；音频控制器用于在检测到异常数据时调用系统蜂鸣器，从而模拟警报信息的发送。

计算组件设计有微处理器组件、协议转换器组件、数据处理模块组件、信息分析模块组件、路由模块组件，各组件行为功能设计如下所述：

(1) 微处理器组件设计行为功能即进行报文封装，根据 CMIoT 建模仿真需求，微处理器可将接收的数据封装为 6LoWPAN 报文格式，或封装为可应用于 CMIoT 的 ConnID 协议报文格式(刘超，2019)；

(2) 协议转换器组件行为功能即将 6LoWPAN 报文通过解压缩转换为完整的 IPv6 报文，或者将 ConnID 协议报文通过映射转换成完整的 IPv6 报文；

(3) 数据处理模块组件行为功能即进行网络报文处理，其依据报文字段中的目的 IPv6 地址判断是否接收报文，并依据报文源 IPv6 地址判断该报文数据源自何种通信技术的物联子网，同时结合源端口号判断报文数据类型；

(4) 信息分析模块组件行为功能即进行数据有效性分析，例如，当接收到体温数据且数据值低于 30 或高于 45 时，的则判断该数据为错误数据，并丢弃该数据；

(5) 路由模块组件行为功能即依据目的地址查询路由表, 并选择适当的路由和转发端口。

通信组件设计有无线模块组件和有线模块组件。其中无线模块组件行为功能即将数据报文封装为可基于相应的无线媒介进行传输的帧格式, 而有线模块组件行为功能即将数据报文封装为可基于相应的有线媒介(一般默认为以太网链路)进行传输的帧格式。

传输组件设计有无线媒介组件和有线媒介组件。两类组件行为功能即用于模拟相应无线媒介和有线媒介的网络传输时延、丢包率、速率等指标。

存储组件设计有寄存器组件、缓冲区组件和存储器组件、RAM 组件和 ROM 组件。目前主要实现缓冲区组件行为功能, 即进行数据报文的缓冲, 同时, 对于物联子网中的缓冲区组件, 其将检测报文帧载荷是否达到上限, 若未达到上限, 将对缓冲区内多个同类数据报文的载荷部分进行组合并封装为一个数据报文, 从而尽可能提高物联子网通信报文有效数据传输率, 并降低网络负载。

2. CMIoT 组件库

本书基于物联网组件功能划分设计了各类基本组件, 在此基础上, 为便于社区医疗物联网建模研究, 进一步设计并研发了 CMIoT 组件库, 库中的组件多为复合组件, 其内部由各类基本组件构成, CMIoT 组件用于模拟社区医疗物联网中各类物体, 如图 6-18 所示, CMIoT 组件库中组件可划分为用户组件、传感节点组件、网关组件、信道组件、路由器组件、服务器组件等共六类。

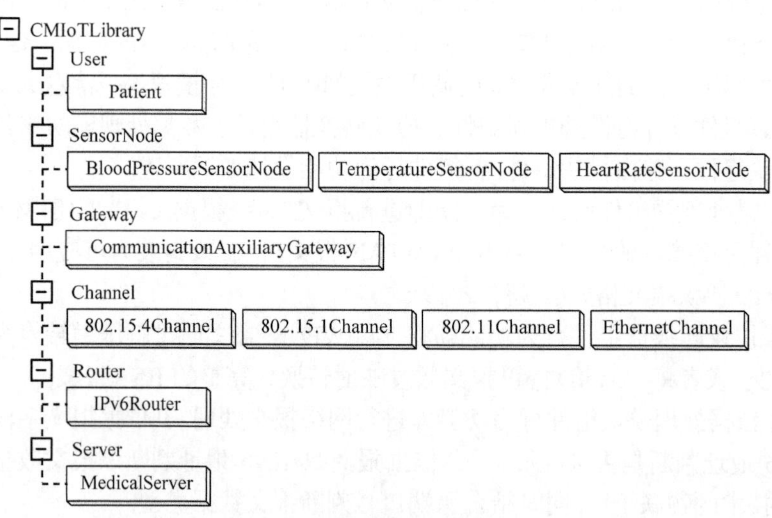

图 6-18 CMIoT 组件库设计

在用户组件类别中, 设计了一种患者组件, 用于模拟身患疾病的社区居民, 患者组件为复合组件，其内部由血压组件、体温组件和心率组件构成，同时，患者组件提供三个输出端口，分别用于输出血压数据、体温数据和心率数据。

传感节点组件包括血压传感节点组件、体温传感节点组件和心率传感节点组件，三类传感节点组件均为复合组件，且其内部结构均由传感器组件、微处理器组件、缓冲区组件和无线模块组件这四类基本组件构成。传感节点组件功能即用于采集特定的生命体征数据，并通过预先设定的无线通信技术进行报文的发送。

在网关组件类别中，设计了一种通信辅助网关组件，其内部由无线模块组件、有线模块组件、缓冲区组件、协议转换组件这四类组件构成。通信辅助网关组件接收基于不同无线通信技术的物联子网所传送的数据帧，进行相应的帧处理和协议转换后，形成以太网数据帧并进行发送。

信道组件包括 802.15.4 信道组件、802.15.1 信道组件、802.11 信道组件和 Ethernet 信道组件，信道组件均为原子组件，其用于模拟特定的通信技术传输信道，传输特定的通信协议帧，同时可以设定网络传输时延、丢包率、速率等指标。

在路由器组件类别中，设计了一种 IPv6 路由器组件，其内部由有线模块组件、缓冲区组件、路由模块组件这三类组件构成。IPv6 路由器组件功能即进行 IPv6 报文转发和路由。

在服务器组件类别中，设计了一种医疗服务器组件，其内部由有线模块组件、缓冲区组件、数据处理模块组件、信息分析模块组件、数据存储模块组件这五类组件构成。医疗服务器功能即接收医疗数据报文，进行报文处理以及医疗数据分析，同时，医疗服务器组件将分析后的数据通过其输出端口分别传送至显示控制器组件和音频控制器组件，用以实现医疗信息的显示和预警消息的发送。

6.4　XModel 系统实施

6.4.1　组件模型构建

XModel 模型上进行组件模型的构建可采用 XML 源文件输入或可视化建模两种方式进行。

1. XML 源文件的输入

首先，可通过 XModel 平台新建工程，如图 6-19 所示。而后依据组件 XML 描述规范进行组件模型的编写，如图 6-20 所示。

2. 组件可视化建模

基于 XModel 图形化建模环境，可以进行组件可视化建模。可视化建模基本

步骤包括:

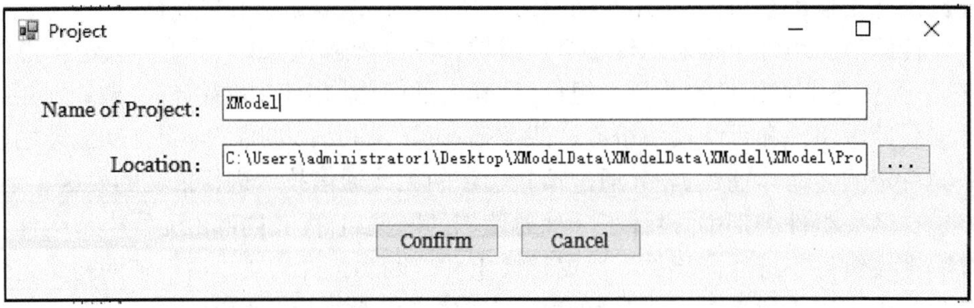

Project

Name of Project: XModel

Location: C:\Users\administrator1\Desktop\XModelData\XModelData\XModel\XModel\Pro ...

Confirm　Cancel

图 6-19　新建工程窗口

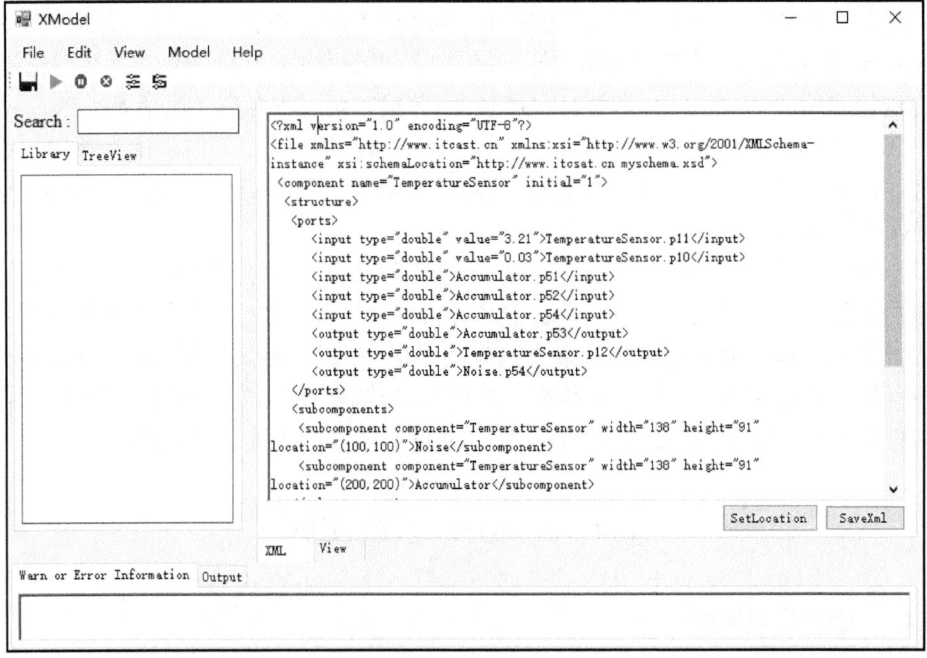

图 6-20　组件 XML 编程

(1) 依据建模需求, 选取组件库中相应组件并添加至建模区域, 添加方式通过双击相应组件, 如图 6-21 所示。

(2) 通过右击组件, 可以进行全部组件的选取、组件端口添加与配置、组件名修改、组件删除等操作, 如图 6-22 所示。

(3) 选择 Ports 选项, 为组件配置端口, 在配置表单中, 设置端口 ID、端口方案和端口类型, 并单击 Add 按钮, 则有一条配置参数会出现在右侧显示列表, 单击 Submit 按钮, 完成端口添加, 如图 6-23 所示。

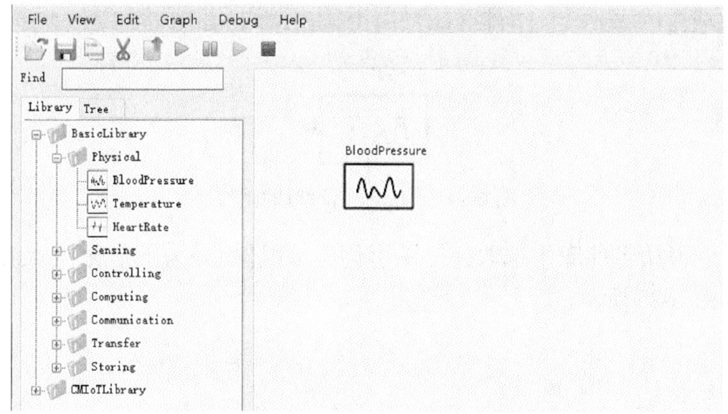

图 6-21　选取相应组件并添加至建模区域

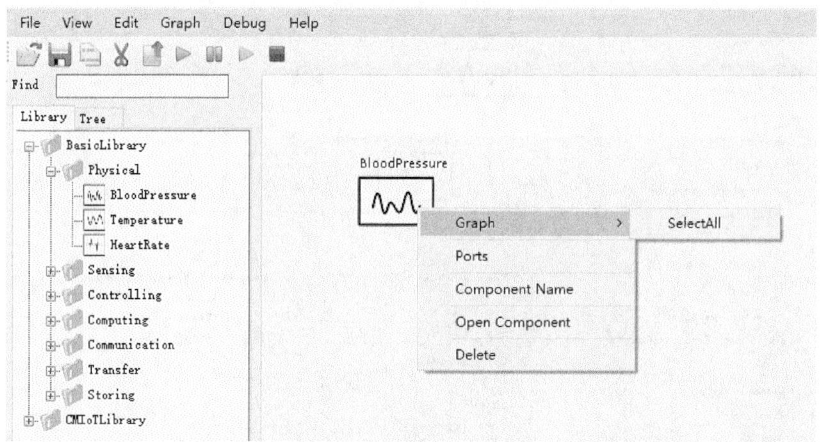

图 6-22　组件右击操作

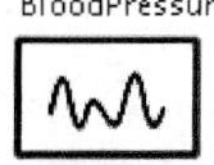

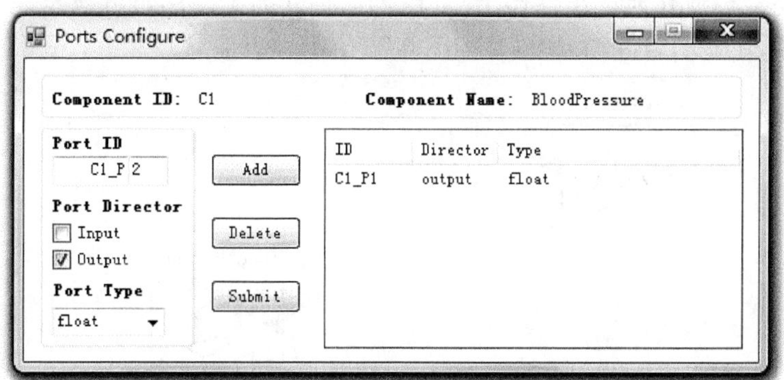

图 6-23　组件端口配置

(4) 完成(3)中操作后, 组件会添加一个输出端口, 如图 6-24 所示。

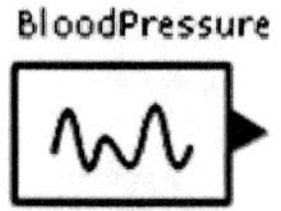

图 6-24　添加输出端口的组件

(5) 可以再从组件库中选取一个图形化显示组件, 并为图形化显示组件添加输入端口, 如图 6-25 所示。

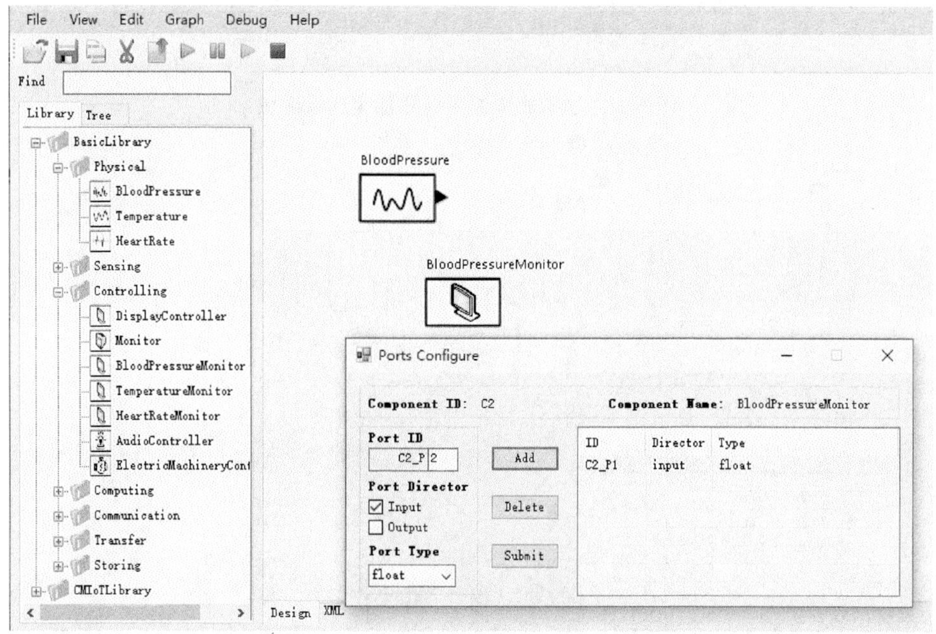

图 6-25　添加显示组件

(6) 将鼠标放在血压组件输出端口, 当鼠标变为十字形时可拖拽一个连接线, 连接至图形化显示组件输入端口, 如图 6-26 所示。

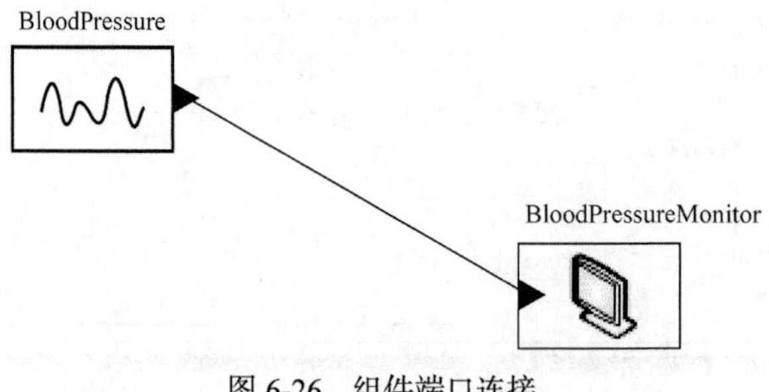

图 6-26　组件端口连接

(7) 对于添加的复合组件，如 IoTGateway 组件，可以在组件上右击，选择“Open Component”选项，观测复合组件内部结构，如图 6-27 所示。

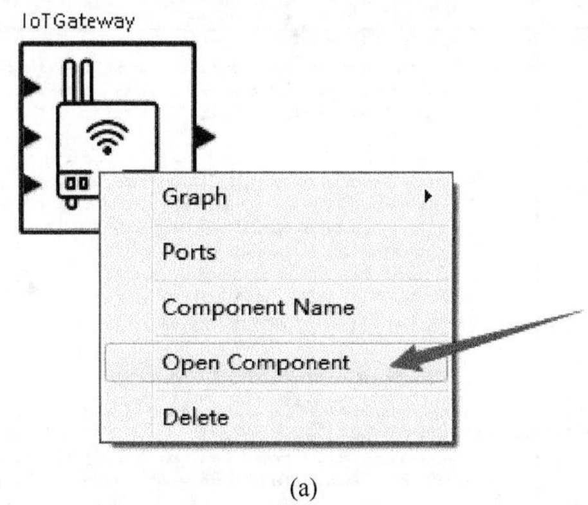

(a)

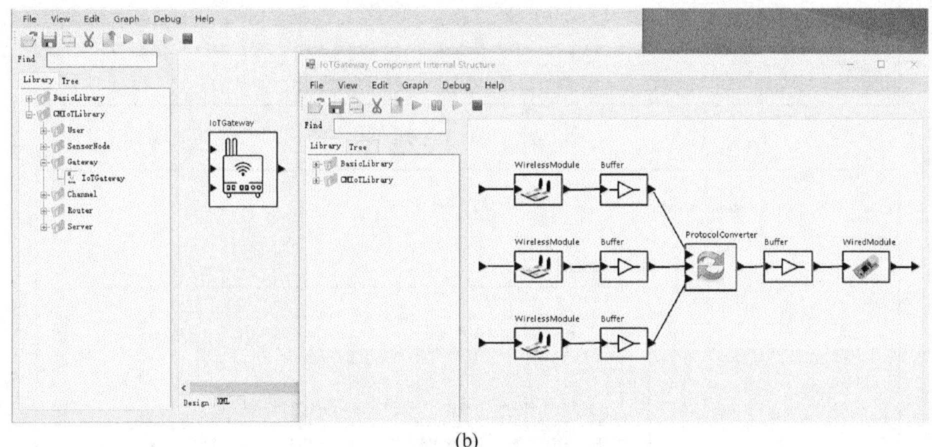

(b)

图 6-27 复合组件内部结构查看

6.4.2 组件模型编译

在 XML 的编辑框中，输入组件 XML 描述语言，完成后单击“编译”按钮。若模型符合组件 XML 描述规范，则在输出信息窗口中显示“验证成功”，如图 6-28 所示。若不符合组件 XML 描述规范，则在输出信息窗口中显示相应的详细错误信息，如图 6-29 所示。

6.4.3 组件模型仿真

通过单击 XModel 菜单栏的“仿真执行”按钮，可进行模型的动态仿真。如图 6-30 所示。

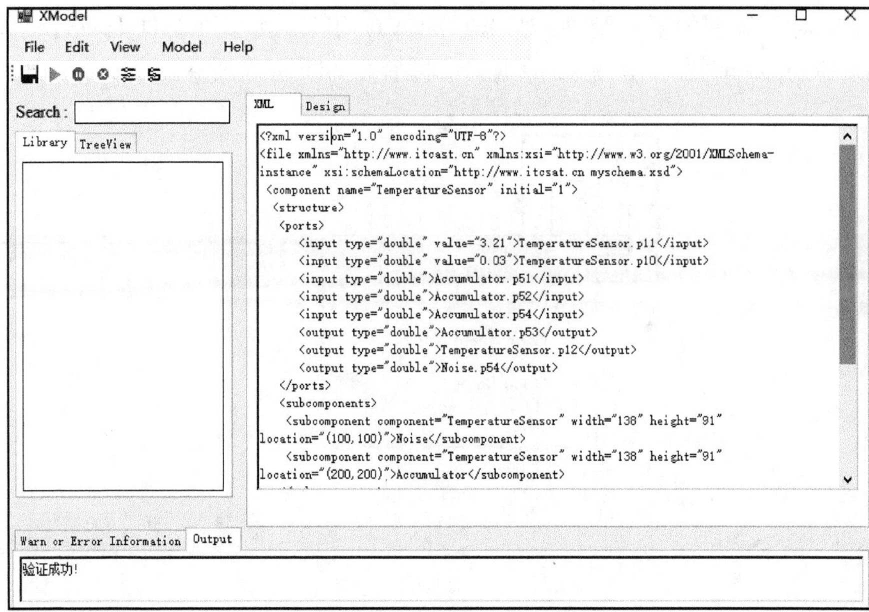

图 6-28 编译成功结果

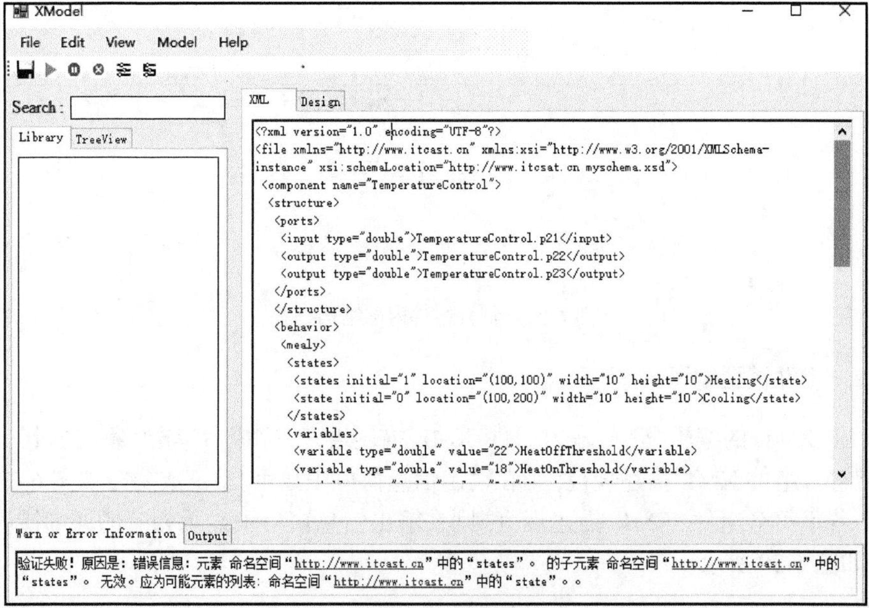

图 6-29 编译错误结果

同样，仿真结构不仅可以通过图形化方式展示，也可通过文本型监控器获取更为确切的数据值，如图 6-31 所示，可以在模型中添加文本型监控器 Monitor 监测血压组件输出数值，输出结果如图 6-32 所示。

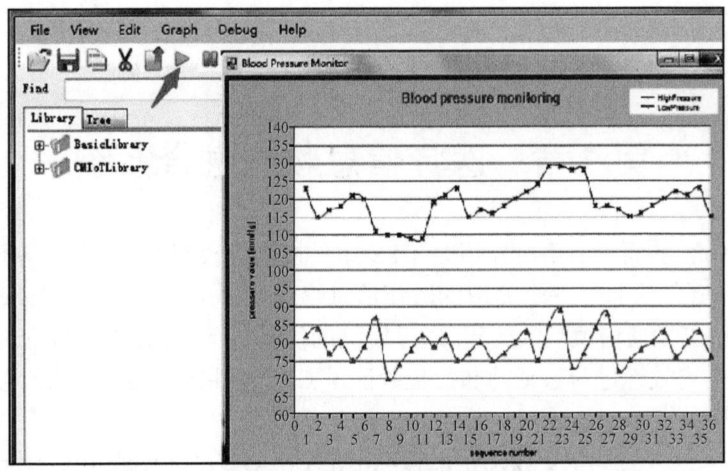

图 6-30　组件模型仿真执行

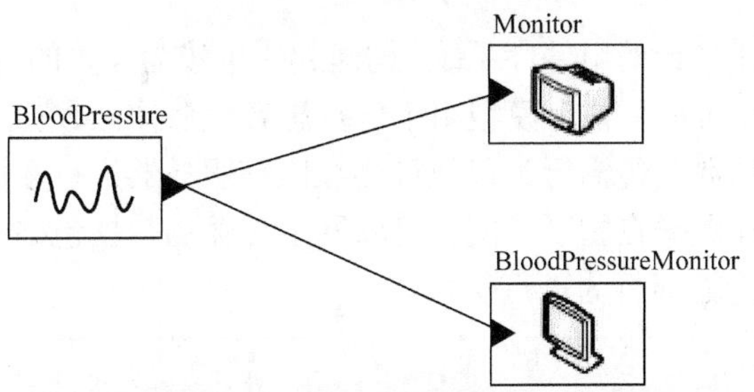

图 6-31　添加文本型监控器 Monitor

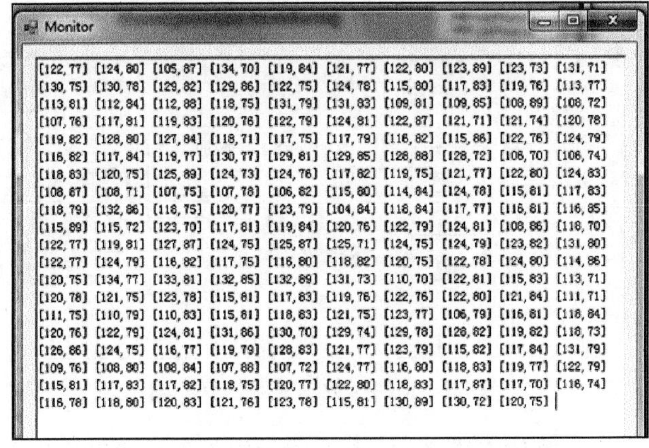

图 6-32　文本型监控器监测血压组件数据

参考文献

刘超. 2019. 基于 IPv6 的社区医疗物联网组件协同建模与验证[D]. 芜湖: 安徽师范大学.

XModel[EB/OL].https://nis.ahnu.edu.cn.

第 7 章　医疗信息物理融合系统

本章结合前面章节中所介绍的 CPS 组件协同建模理论与方法, 基于 XModel 建模仿真平台, 进行了一个简单的医疗信息物理融合系统(Medical Cyber-Physical Systems, MCPS)通信模型的构建, 通过模型的仿真执行, 对医疗数据的通信方法和传输通路的有效性进行验证, 同时, 也验证了 CPS 组件协同建模方法的可行性。

7.1　基于 XModel 平台的 MCPS 组件模型构建

基于 XModel 平台的组件库系统, 构建起一个较为完整的 MCPS 数据通路仿真模型, 如图 7-1 所示。整个模型用于仿真患者生命体征数据的采集行为、各类网络节点与设备的数据传输行为以及最终在医疗服务器进行数据接收及显示等行为。同时也对医疗数据在物联子网与互联网上传输的数据包格式及其转换、基于 IPv6 网络的数据传输等行为进行仿真。

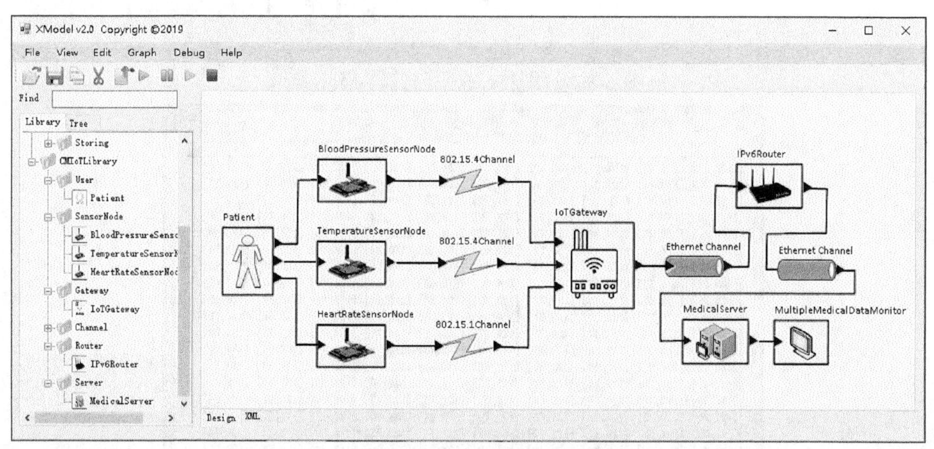

图 7-1　MCPS 数据通路仿真模型

在 MCPS 数据通路仿真模型中, 所选用的组件包括患者组件、血压传感节点组件、体温传感节点组件、心率传感节点组件、802.15.4 信道组件、802.15.1 信道组件、物联网网关组件、Ethernet 信道组件、IPv6 路由器组件、医疗服务器组件、多重医疗数据监控器组件等。

患者组件内部结构如图 7-2 所示, 其通过内部三个原子组件模拟患者血压、体温、心率三类生命体征数据的变化。各组件生成生命体征数据的方式有三种：第一种为基于函数模型的方式生成生命体征数据，其通过 GeneratingBloodPressureData()函数实现；第二种为基于串口通信获取硬件平台已采集的生命体征数据，其通过 Get_Serial_BloodPressureData()函数实现；第三种为基于 MIT-BIH 生理数据库读取相应的生命体征数据，其通过 Get_MIT_BIH_BloodPressureData()函数实现。

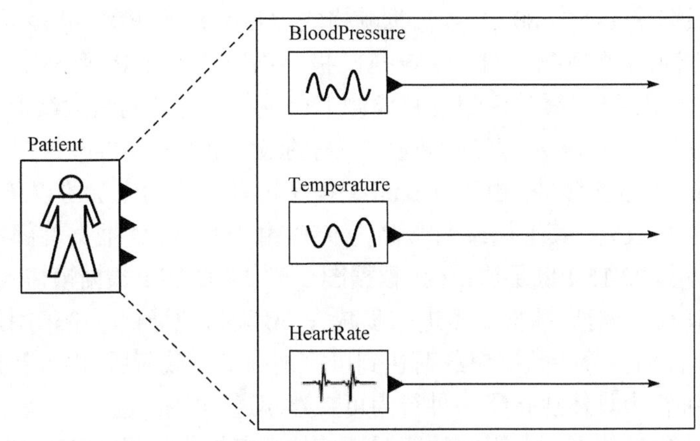

图 7-2　患者组件内部结构

血压传感节点组件主要进行传感节点行为的模拟，其内部结构如图 7-3 所示。血压传感器组件依据设定的采样周期进行数据的采集，同时，血压传感器组件行为还包括噪声数据的生成，用于模拟传感器设备数据采集的误差或由于软硬件故障导致的数据错误，该行为由 GeneratingNoiseData()函数实现。

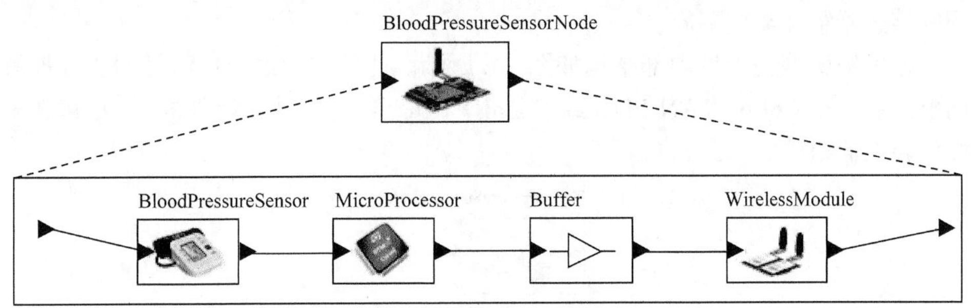

图 7-3　血压传感节点组件内部结构

微处理器组件主要模拟微处理器集成的协议栈功能，其行为即进行数据报文的封装，由 MessageEncapsulation()函数进行实现，具体所模拟的协议栈可由用户通过函数入口参数进行设定，类比硬件平台，其所表述的含义即通过仿真器设备向芯片内部烧写协议栈代码。目前，微处理器组件提供两类通信技术协议栈的仿真，一种为 6LoWPAN 协议栈, 另一种为 ConnID 协议栈。用户可通过设定函数入口参数 x= “6LoWPAN” 来表示采用 6LoWPAN 协议栈, 并构建 6LoWPAN 协议数据单元(PDU), 或设定函数入口参数 x=“ConnID” 来表示采用 ConnID 协议栈, 并构建 ConnID 协议数据单元(PDU)。

缓冲区组件主要用于模拟缓冲区数据缓冲功能, 其行为可进一步细分为三种: ①执行 IPv6 报文缓冲。②执行 6LoWPAN 报文缓冲, 由于 6LoWPAN 基于 802.15.4 协议传输, 根据图 1-8 中 802.15.4 数据帧格式, 6LoWPAN PDU 最大可容纳 104B, 考虑全球可路由最好情况下的 6LoWPAN 报头总长度为 23B, 则 6LoWPAN 上层最大载荷为 81B; 同时缓冲区组件将检测上层载荷是否达到最大载荷, 若未达到, 将继续等待新的数据报文, 直到达到可容纳的最大载荷时, 再次封包发送报文。③执行 ConnID 报文缓冲, 由于 ConnID 报文可基于不同底层协议传输, 当采用 802.15.4 底层协议时, 其上层载荷最高为 95B(由于 ConnID 报文首部字节总长度为 9B), 当采用 802.15.1 底层协议时, 根据图 1-9 中 802.15.1 数据帧格式, 其上层载荷最高为 31B(由于对广播报文需进一步减去 6B 设备地址), 不论采用何种底层协议, 缓冲区组件均将等待数据包载荷达到可容纳的最大载荷后, 再重新封包发送报文。上述三种行为具体执行哪一种行为可在建模过程中指定。

无线模块组件依据用户设定的底层通信技术将接收的报文(6LoWPAN 报文或 ConnID 报文)封装为相应的数据帧(如 802.15.4 帧、802.15.1 帧等), 帧的封装操作由 FrameEncapsulation()函数实现。同时, 无线模块组件可进行数据帧的解封装, 获得数据帧内部报文数据, 帧的解封装操作由 FrameDecapsulation()函数实现。

体温传感节点组件和心率传感节点组件内部结构分别如图 7-4、图 7-5 所示, 其内部结构与血压传感节点组件相似, 三者在结构组成上的唯一不同点在于所采用的传感器组件类型不同。

通信辅助网关组件内部结构如图 7-6 所示。此处的无线模块组件用于数据帧的解封装, 获取 6LoWPAN PDU 或 ConnID PDU, 经过缓冲区组件的缓冲, 传送至协议转换器组件。

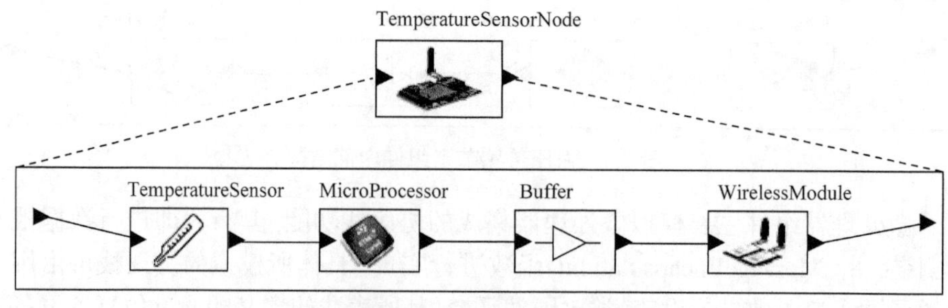

图 7-4　体温传感节点组件内部结构

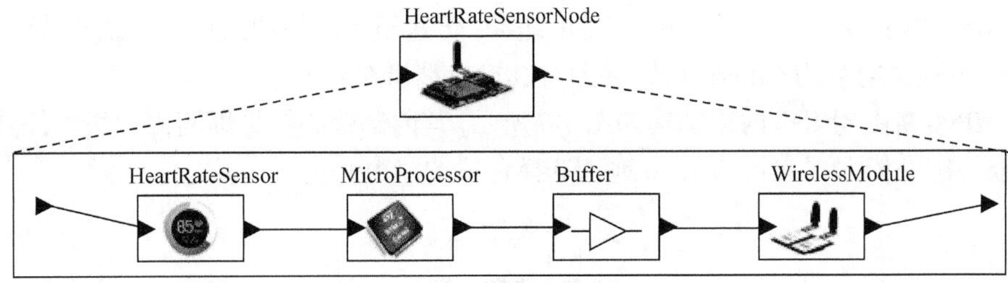

图 7-5 心率传感节点内部结构

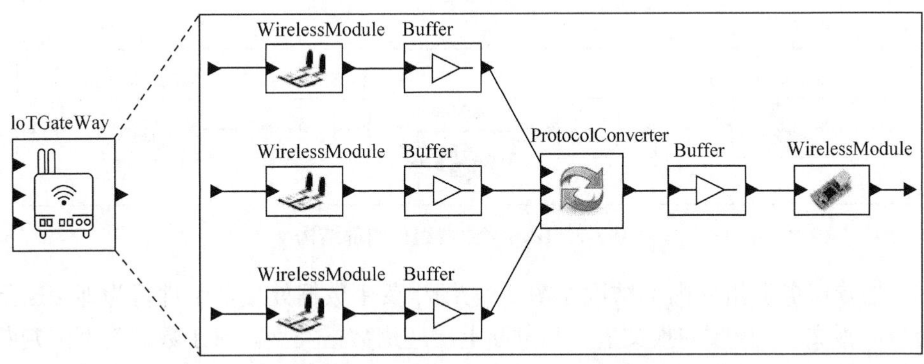

图 7-6 通信辅助网关组件内部结构

协议转换器组件依据报文类型的不同执行相应的转换操作，该行为通过 ProtocolConversion()函数实现。函数执行时，若检测报文为 6LoWPAN 报文，则执行 ConvertBetween_LoWPAN_IPv6()函数，实现 6LoWPAN 报文到 IPv6 报文的解压缩转换；若检测报文为 ConnID 报文，则执行 ConvertBetween_ConnID_IPv6()函数，实现 ConnID 报文到 IPv6 报文的映射转换。同时，为支持协议转换功能的实现，协议转换器组件内部建立有相应的映射表，各类映射表的声明如下所示:

Hashtable SCI_Mapping;

Hashtable DCI_Mapping;

Hashtable CommPara_ConnID_Mapping;

Hashtable NodeMacAddr_NodeIPv6Addr_Mapping;

其中，SCI_Mapping 和 DCI_Mapping 分别表示源地址上下文标识符映射表和目的地址上下文标识符映射表，这两类映射表用于表示 6LoWPAN 报头部分 SCI/DCI 标识符与 IPv6 地址网络前缀的对应关系；CommPara_ConnID_Mapping 表示通信参数-连接标识映射表，NodeMacAddr_NodeIPv6Addr_Mapping 表示节点 MAC 地址-节点 IPv6 地址映射表，这两类映射表用在基于连接标识 ConnID 的 IPv6 通信方案之中。协议转换器组件中所有映射表存储结构均采用 Hashtable 形式，Hashtable “键-值”对的存储形式可以有效地建立起各类复杂的映射表。

经过协议转换器组件的报文转换后，6LoWPAN 报文或 ConnID 报文将转换为完整的 IPv6 报文，经过缓冲区组件的缓冲，传送至有线模块组件。有线模块组件将 IPv6 报文封装为 Ethernet 帧，并通过其输出端口对外发送。

IPv6 路由器组件内部结构如图 7-7 所示，其内部核心组件即路由模块组件，路由模块组件依据报文目的 IPv6 地址选择合适的路由并进行转发。

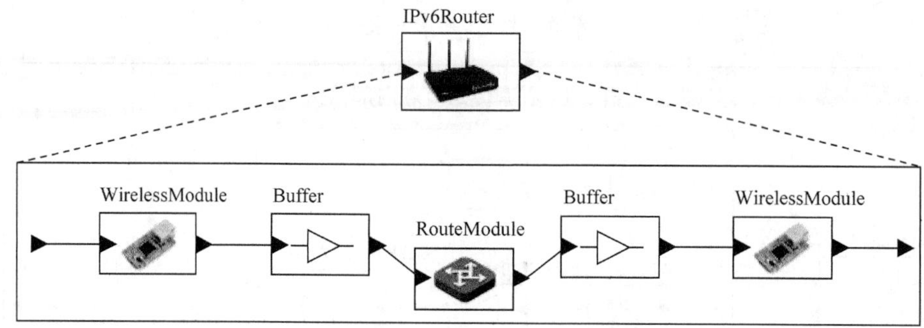

图 7-7　IPv6 路由器组件内部结构

医疗服务器组件内部结构如图 7-8 所示，其中数据处理器组件行为即判断是否接收报文，对接收的报文进一步判断上层应用数据类型。对于数据类型的判断需结合源 IPv6 地址所设计的通信技术类型字段以及端口号字段。对于确定数据类型的数据，由数据处理器组件通过其输出端口传送至数据分析器组件。数据分析器组件设定了各类型数据有效性判别条件，从而进行数据清理，过滤掉存在错误的数据。分析清理过后的数据可进行存储以备后续使用，或通过医疗服务器组件输出端口对外发送，对外发送目的在于进行数据实时处理或分析，例如，通过外接显示器组件，实现数据实时显示。

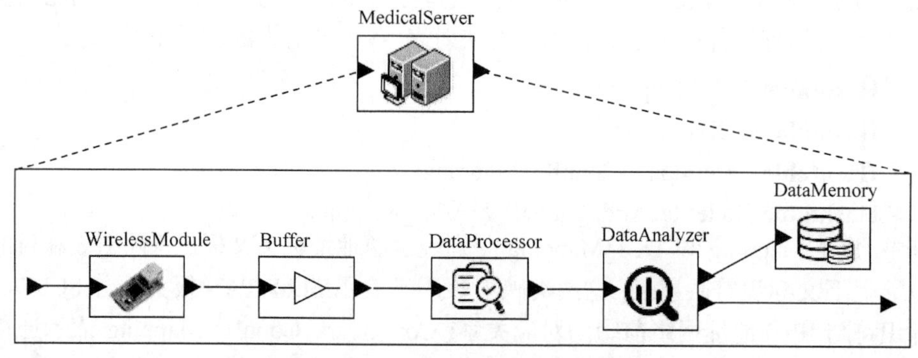

图 7-8　医疗服务器组件内部结构

7.2　仿真方案设计

在建立 MCPS 数据通路仿真模型后，需进一步进行仿真方案的设计，其主要包括运行参数的设定以及依据用户需求添加监视器组件。如图 7-9 所示，可在 CMIoT 组件模型中主要的复合组件输出端口处设置相应的监视器组件，从而可以有效观测在模型仿真执行过程各组件输出数据的变化情况。此外，也可进一步在复合组件内部添加相应的监控器组件，以便观测组件内部数据通信情况。

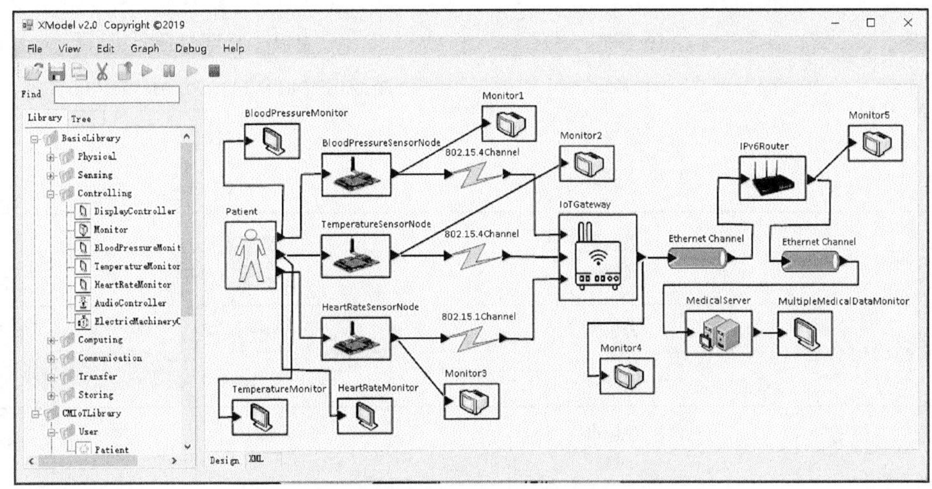

图 7-9　MCPS 数据通路仿真模型监控

仿真参数的设定如表 7-1 所示。

表 7-1　仿真参数

组件	参数	值
患者组件	数据生成速率	0.1s
血压传感节点	采样频率	10Hz
	通信技术	6LoWPAN
	MAC 地址(64bit)	1001:0585:FEAB:5001
	IPv6 地址	2001:0DA8:D813:0**89**1:1201:0585:FEAB:5001
	发送端口号	F0BF
	发送帧类型	802.15.4
体温传感节点	采样频率	10Hz
	通信技术	ConnID
	MAC 地址(64bit)	1001:0585:FEAB:6001
	IPv6 地址	2001:0DA8:D813:0**8A**1:1201:0585:FEAB:6001
	发送端口号	F0BF
	发送帧类型	802.15.4

续表

组件	参数	值
心率传感节点	采样频率	10Hz
	通信技术	ConnID
	MAC 地址(64bit)	1001:0585:FEAB:7001
	IPv6 地址	2001:0DA8:D813:08A1:1201:0585:FEAB:7001
	发送端口号	F0BE
	发送帧类型	802.15.1
802.15.4 信道	丢包率 时延	1% 0.01s~0.5s
802.15.1 信道	丢包率	1%
	时延	0.01s~0.5s
Ethernet 信道	丢包率 时延	0.1% 0.01s~0.1s
通信辅助网关	无线模块 1MAC 地址(64bit)	1001:0585:FEAB:1001
	无线模块 2MAC 地址(64bit)	1001:0585:FEAB:2001
	无线模块 3MAC 地址(48bit)	1001:FEAB:3001
	无线模块 3 接入地址(32bit)	8569:FAC7
	有线模块 MAC 地址(48bit)	1001:FEAB:4001
	发送帧类型	Ethernet 帧
IPv6 路由器	有线模块 1MAC 地址(48bit)	F001:FEAB:F001
	有线模块 2MAC 地址(48bit)	F002:FEAB:F002
	发送帧类型	Ethernet 帧
医疗服务器	有线模块 MAC 地址(48bit)	FF01:FEAB:FF01
	IPv6 地址	2001:0DA8:D818:0082::1234
	接收端口号	F0B0

7.3 仿真结果分析与验证

启动 CMIoT 组件模型执行功能后，血压传感节点组件采集人体血压数据，经过内部各模块组件的处理, 形成 802.15.4 数据帧, 帧载荷数据为 6LoWPAN 协议数据单元。血压传感节点组件所发出的 802.15.4 数据帧显示形式为:

[帧控制], [序列号], [目标 PANID], [目标 MAC 地址], [源 PANID], [源 MAC 地址],
6LoWPAN PDU:{ [分派值], [IPHC 首部], [上下文标识符],
[IP 非压缩域=(跳数限制), (源地址), (目的地址)], [NHC 首部],
[NHC 首部域=(端口号), (校验和)], [应用数据] }

监控器组件 Monitor1 所监测 802.15.4 数据帧传输情况如图 7-10 所示。

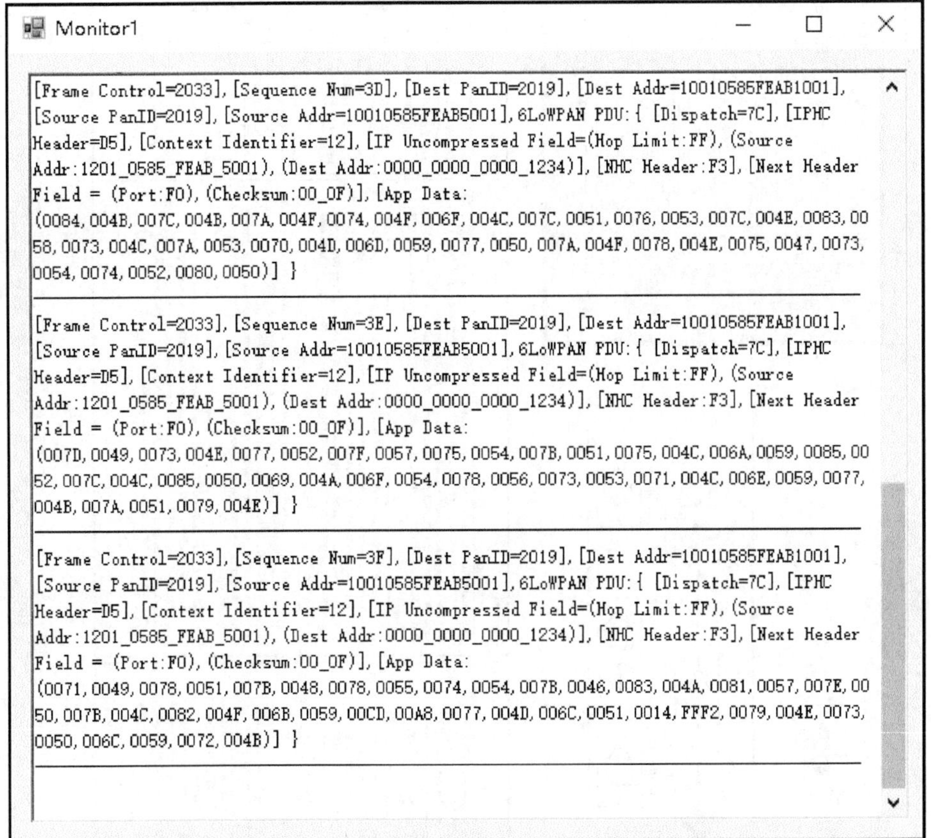

图 7-10 血压传感节点组件输出端口数据监控

为进一步监测血压传感节点组件 802.15.4 数据帧的形成过程, 可在组件内部进一步添加监控器组件, 如图 7-11 所示。BloodPressureMonitor 组件显示了经血压传感器组件采集后的血压数据情况, 其中 × 表示高压数据、▲表示低压数据。从 BloodPressureMonitor 显示结果可以看出, 采集的血压数据存在两处明显的错误数

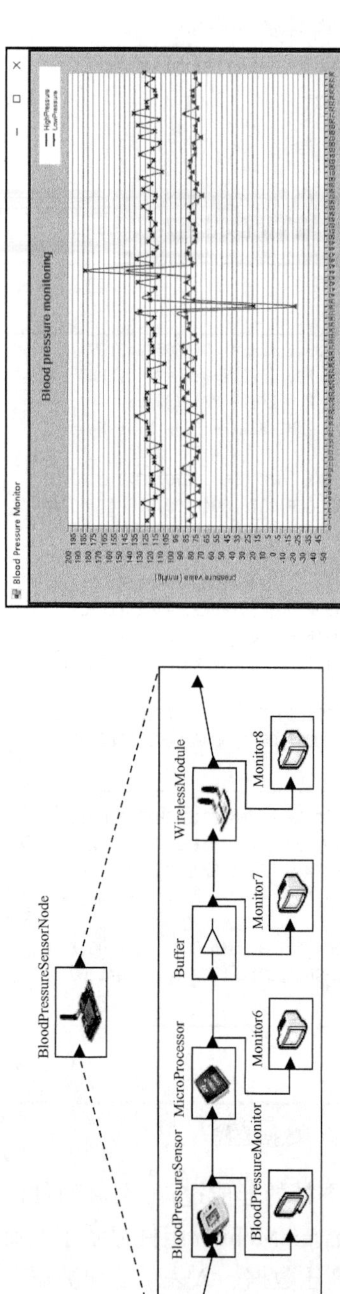

(a)

(b)

(c)

(d)

(e)

图7-11　血压传感节点组件内部通信数据监控

据情况，有效模拟了由于随机噪声干扰或软硬件故障导致的数据采集错误。Monitor6 组件显示了经过微处理器组件处理形成的 6LoWPAN 报文，报文的应用层载荷部分为一组血压数据。经过缓冲区组件处理后，由 Monitor7 显示结果可以得出，缓冲区组件将等待应用层载荷达到 802.15.4 帧可容纳的最大载荷后，再进行 6LoWPAN 报文发送。经过无线模块组件处理后，数据帧对外发送，Monitor8 显示了载荷为 6LoPWAN 报文的 802.15.4 数据帧情况。

在血压传感节点组件采集人体血压数据的同时，体温传感节点组件和心率传感节点组件也在采集相应的生命体征数据。依据仿真参数设定，体温传感节点和心率传感节点均采用 ConnID 技术进行数据通信，数据帧分别基于 802.15.4 帧和 802.15.1 帧。对于体温传感节点，其所发出的 802.15.4 数据帧显示形式为:

[帧控制], [序列号], [目标 PANID], [目标 MAC 地址], [源 PANID], [源 MAC 地址],

ConnID PDU:{ [消息标识], [连接标识], [应用数据] }

对于心率传感节点，其所发出的 802.15.1 数据帧显示形式为:

[接入地址], [通告首部], [载荷长度], [设备地址],

ConnID PDU:{ [消息标识], [连接标识], [应用数据] }

Monitor2 所监测体温传感节点 802.15.4 数据帧传输情况如图 7-12 所示，帧的内部载荷即 ConnID 协议数据单元，其中消息标识设定为 FFH，连接标识协商为 F431CA185F74C6E6H。Monitor3 所监测心率传感节点 802.15.1 数据帧传输情况如图 7-13 所示，帧的内部载荷同样为 ConnID 协议数据单元，其中消息标识设定为 FFH，连接标识协商为 73B6D1725035878DH。与血压传感节点相同，在体温传感节点及心率传感节点内部也可以通过添加监视器组件监测对应组件数据帧的形成过程，仿真结果分别如图 7-14、图 7-15 所示。

不同传感节点依据其所采用的通信技术选择不同的信道，将生成的数据帧最终发送至通信辅助网关，通信辅助网关中的协议转换器组件实现了 6LoWPAN 报文的解压缩转换以及 ConnID 报文的映射转换。为便于观测，在通信辅助网关内部添加了 Monitor15 用于显示协议转换器输出端口处 IPv6 报文情况，如图 7-16 所示。IPv6 报文显示形式为:

{[版本号], [通信类型], [流标签], [有效载荷长度], [下一跳首部], [跳数限制]

[源 IPv6 地址], [目的 IPv6 地址],

UDP Packet: [源端口号], [目的端口号], [UDP 长度], [UDP 校验和], [应用数据]}

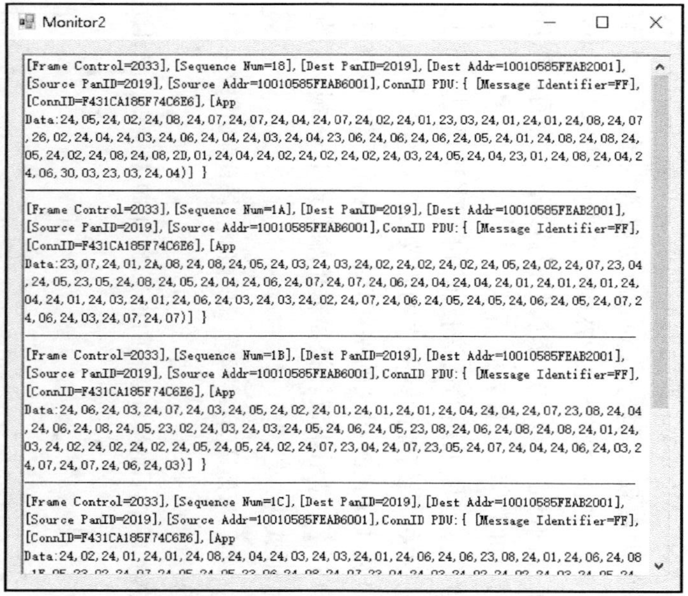

Monitor2

[Frame Control=2033], [Sequence Num=18], [Dest PanID=2019], [Dest Addr=10010585FEAB2001], [Source PanID=2019], [Source Addr=10010585FEAB6001], ConnID PDU: { [Message Identifier=FF], [ConnID=F431CA185F74C6E6], [App Data:24, 05, 24, 02, 24, 08, 24, 07, 24, 07, 24, 04, 24, 07, 24, 02, 24, 01, 23, 03, 24, 01, 24, 01, 24, 08, 24, 07, 26, 02, 24, 04, 24, 03, 24, 06, 24, 04, 24, 03, 24, 04, 23, 06, 24, 06, 24, 06, 24, 05, 24, 01, 24, 08, 24, 08, 24, 05, 24, 02, 24, 08, 24, 08, 2D, 01, 24, 04, 24, 02, 24, 02, 24, 02, 24, 03, 24, 05, 24, 04, 23, 01, 24, 08, 24, 04, 24, 06, 30, 03, 23, 03, 24, 04)] }

[Frame Control=2033], [Sequence Num=1A], [Dest PanID=2019], [Dest Addr=10010585FEAB2001], [Source PanID=2019], [Source Addr=10010585FEAB6001], ConnID PDU: { [Message Identifier=FF], [ConnID=F431CA185F74C6E6], [App Data:23, 07, 24, 01, 2A, 08, 24, 08, 24, 05, 24, 03, 24, 03, 24, 02, 24, 02, 24, 02, 24, 05, 24, 02, 24, 07, 23, 04, 24, 05, 23, 05, 24, 08, 24, 05, 24, 04, 24, 06, 24, 07, 24, 07, 24, 06, 24, 04, 24, 04, 24, 01, 24, 01, 24, 01, 24, 04, 24, 01, 24, 03, 24, 01, 24, 06, 24, 03, 24, 03, 24, 02, 24, 07, 24, 06, 24, 05, 24, 05, 24, 06, 24, 05, 24, 07, 24, 06, 24, 03, 24, 07, 24, 07)] }

[Frame Control=2033], [Sequence Num=1B], [Dest PanID=2019], [Dest Addr=10010585FEAB2001], [Source PanID=2019], [Source Addr=10010585FEAB6001], ConnID PDU: { [Message Identifier=FF], [ConnID=F431CA185F74C6E6], [App Data:24, 06, 24, 03, 24, 07, 24, 03, 24, 05, 24, 02, 24, 01, 24, 01, 24, 01, 24, 04, 24, 04, 24, 07, 23, 08, 24, 04, 24, 06, 24, 08, 24, 05, 23, 02, 24, 03, 24, 03, 24, 05, 24, 06, 24, 05, 23, 08, 24, 06, 24, 08, 24, 08, 24, 01, 24, 03, 24, 02, 24, 02, 24, 02, 24, 05, 24, 05, 24, 02, 24, 07, 23, 04, 24, 07, 23, 05, 24, 07, 24, 04, 24, 06, 24, 03, 24, 07, 24, 07, 24, 06, 24, 03)] }

[Frame Control=2033], [Sequence Num=1C], [Dest PanID=2019], [Dest Addr=10010585FEAB2001], [Source PanID=2019], [Source Addr=10010585FEAB6001], ConnID PDU: { [Message Identifier=FF], [ConnID=F431CA185F74C6E6], [App Data:24, 02, 24, 01, 24, 01, 24, 08, 24, 04, 24, 03, 24, 03, 24, 01, 24, 06, 24, 06, 23, 08, 24, 01, 24, 06, 24, 08

图7-12　体温传感节点组件输出端口数据监控

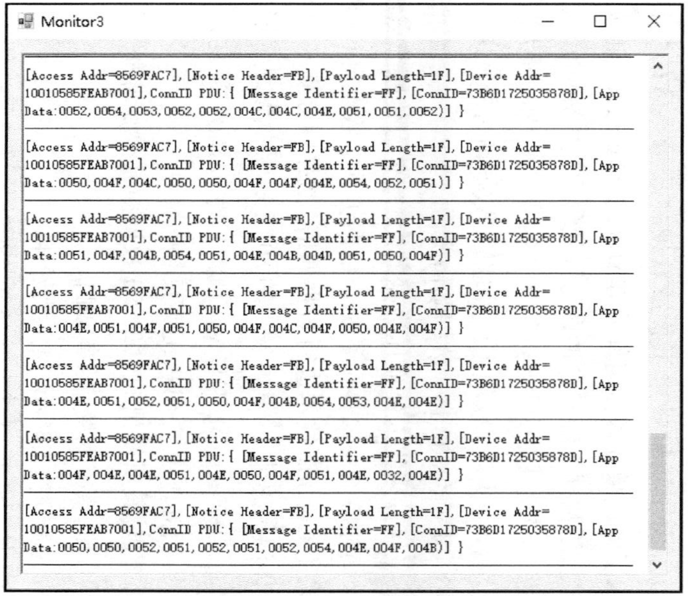

Monitor3

[Access Addr=8569FAC7], [Notice Header=FB], [Payload Length=1F], [Device Addr=10010585FEAB7001], ConnID PDU: { [Message Identifier=FF], [ConnID=73B6D1725035878D], [App Data:0052, 0054, 0053, 0052, 0052, 004C, 004C, 004E, 0051, 0051, 0052)] }

[Access Addr=8569FAC7], [Notice Header=FB], [Payload Length=1F], [Device Addr=10010585FEAB7001], ConnID PDU: { [Message Identifier=FF], [ConnID=73B6D1725035878D], [App Data:0050, 004F, 004C, 0050, 0050, 004F, 004F, 004E, 0054, 0052, 0051)] }

[Access Addr=8569FAC7], [Notice Header=FB], [Payload Length=1F], [Device Addr=10010585FEAB7001], ConnID PDU: { [Message Identifier=FF], [ConnID=73B6D1725035878D], [App Data:0051, 004F, 004B, 0054, 0051, 004E, 004B, 004D, 0051, 0050, 004F)] }

[Access Addr=8569FAC7], [Notice Header=FB], [Payload Length=1F], [Device Addr=10010585FEAB7001], ConnID PDU: { [Message Identifier=FF], [ConnID=73B6D1725035878D], [App Data:004E, 0051, 004F, 0051, 0050, 004F, 004C, 004F, 0050, 004E, 004F)] }

[Access Addr=8569FAC7], [Notice Header=FB], [Payload Length=1F], [Device Addr=10010585FEAB7001], ConnID PDU: { [Message Identifier=FF], [ConnID=73B6D1725035878D], [App Data:004E, 0051, 0052, 0051, 0050, 004F, 004B, 0054, 0053, 004E, 004E)] }

[Access Addr=8569FAC7], [Notice Header=FB], [Payload Length=1F], [Device Addr=10010585FEAB7001], ConnID PDU: { [Message Identifier=FF], [ConnID=73B6D1725035878D], [App Data:004F, 004E, 004E, 0051, 004E, 0050, 004F, 0051, 004E, 0032, 004E)] }

[Access Addr=8569FAC7], [Notice Header=FB], [Payload Length=1F], [Device Addr=10010585FEAB7001], ConnID PDU: { [Message Identifier=FF], [ConnID=73B6D1725035878D], [App Data:0050, 0050, 0052, 0051, 0052, 0051, 0052, 0054, 004E, 004F, 004B)] }

图7-13　心率传感节点组件输出端口数据监控

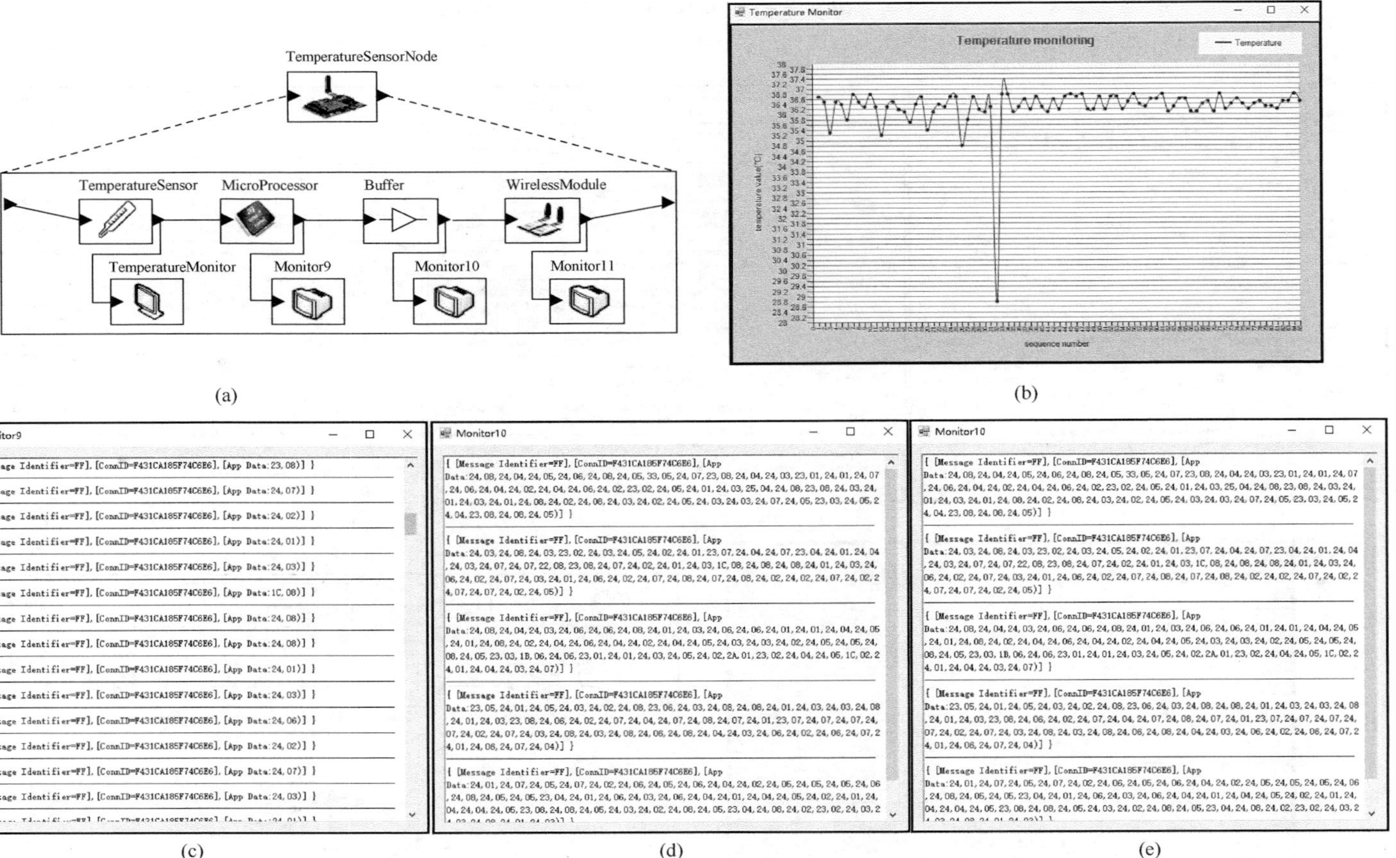

图7-14　体温传感节点组件内部通信数据监控

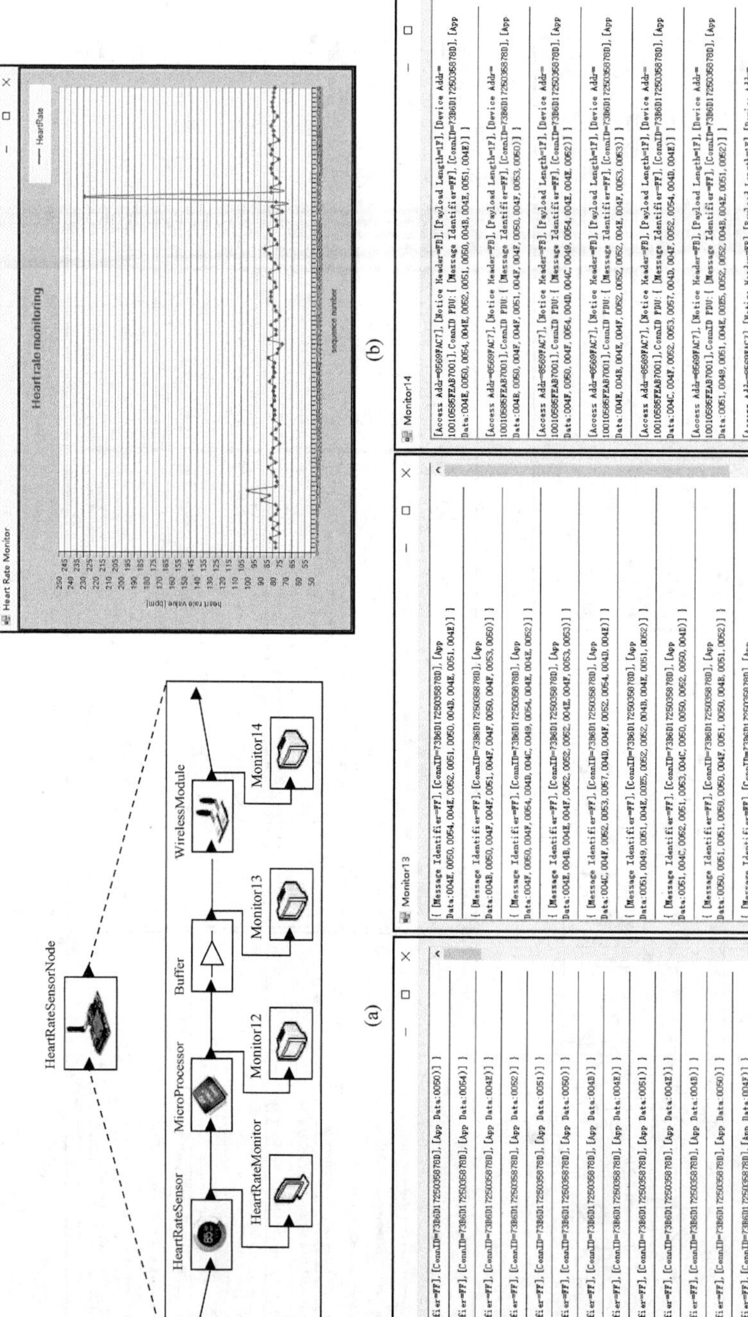

图7-15　心率传感节点组件内部通信数据监控

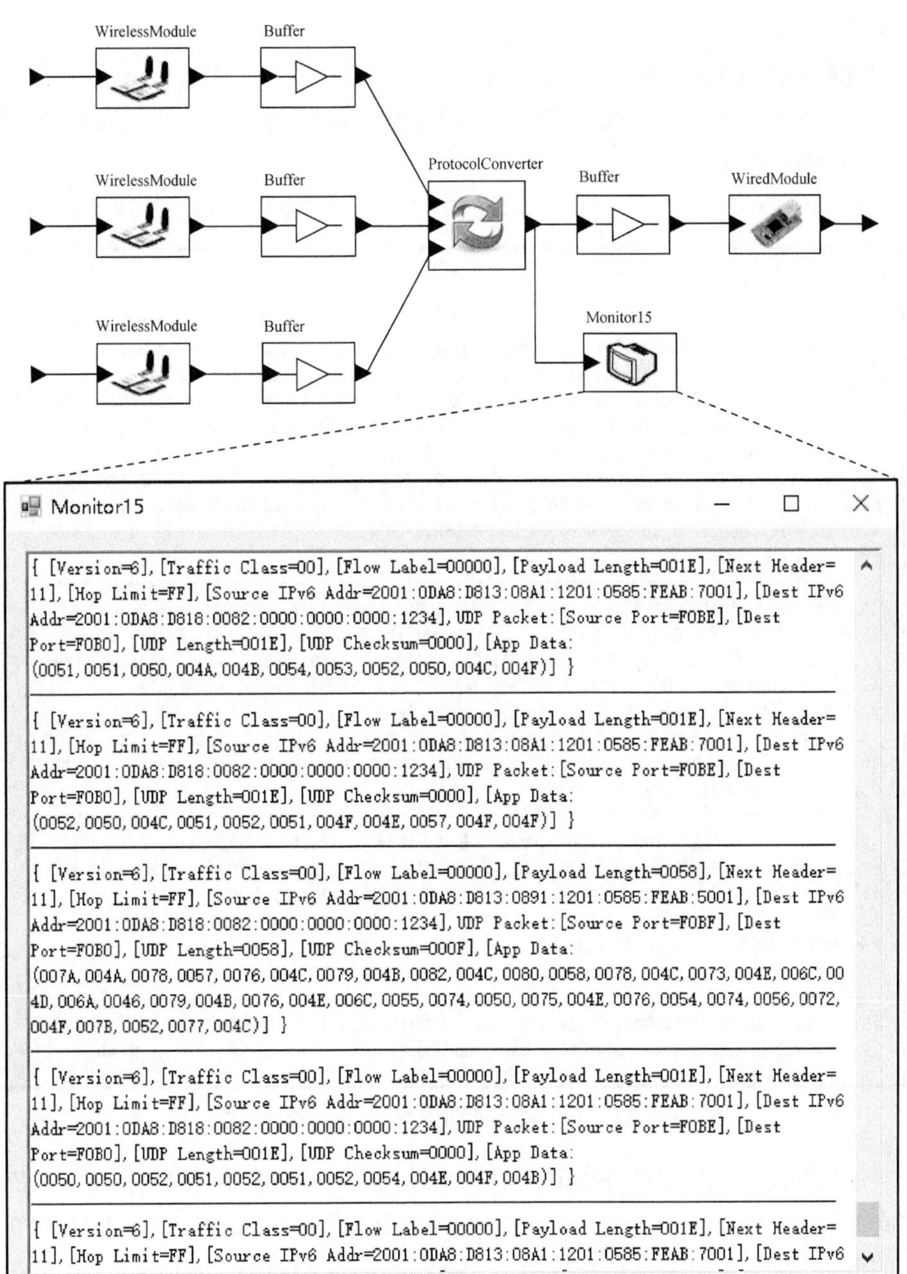

图 7-16　通信辅助网关内部协议转换器组件输出端口数据监控

通信辅助网关内部有线模块组件将接收到的 IPv6 报文封装为 Ethernet 帧，并

通过其输出端口对外传输。由 Monitor4 观测到的结果如图 7-17 所示，Ethernet 帧显示形式为:

[目的 MAC 地址], [源 MAC 地址], [类型],

IPv6 Packet:{ [版本号], [通信类型], [流标签], [有效载荷长度], [下一跳首部], [跳数限制], [源 IPv6 地址], [目的 IPv6 地址],

UDP Packet: [源端口号], [目的端口号], [UDP 长度], [UDP 校验和], [应用数据] }

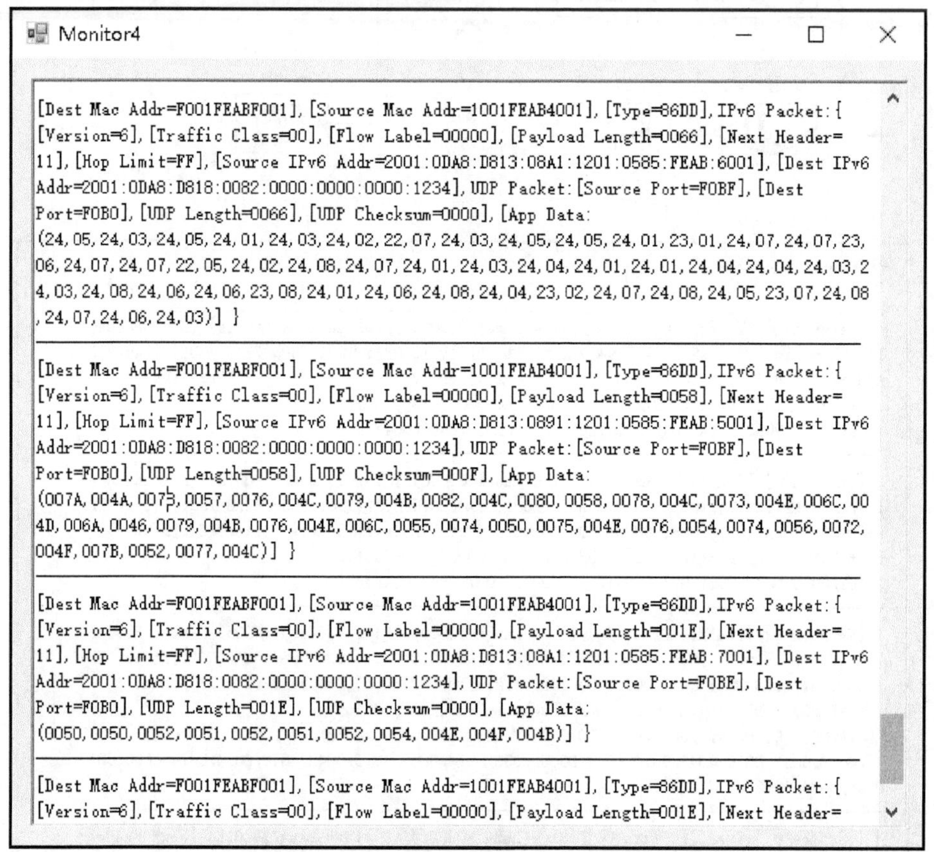

图 7-17　通信辅助网关组件输出端口数据监控

通信辅助网关发出的 Ethernet 帧将继续由 IPv6 路由器组件进行转发。依据仿真参数，由 IPv6 路由器发出的 Ethernet 帧，其源 MAC 地址为 F002:FEAB:F002，目的 MAC 地址即为医疗服务器 MAC 地址 FF01:FEAB:FF01，由 Monitor5 在 IPv6 路由器组件输出端口观测到的数据情况如图 7-18 所示。

在医疗服务器组件对所接收的 Ethernet 帧依据内部各组件行为功能依次进行分析处理后，数据通过医疗服务器输出端口传送至多重医疗数据监控器组件

(Multiple Medical Data Monitor)。在整个 CMIoT 组件模型执行过程中，多重医疗数据监控器所显示数据情况如图 7-19 所示，该仿真结果表明，由患者组件产生的血压、体温、心率三类生命体征数据均被医疗服务器正常接收，显示结果中，数据在波动一段时间后又维持一段时间无变化的原因在于，网络数据包的传输存在一定的时延及丢包率，医疗服务器每接收到一个数据包后，便将数据包中的医疗数据进行分析处理，丢弃数据包中错误的数据信息，并实时显示数据包中所有正确的医疗数据信息。

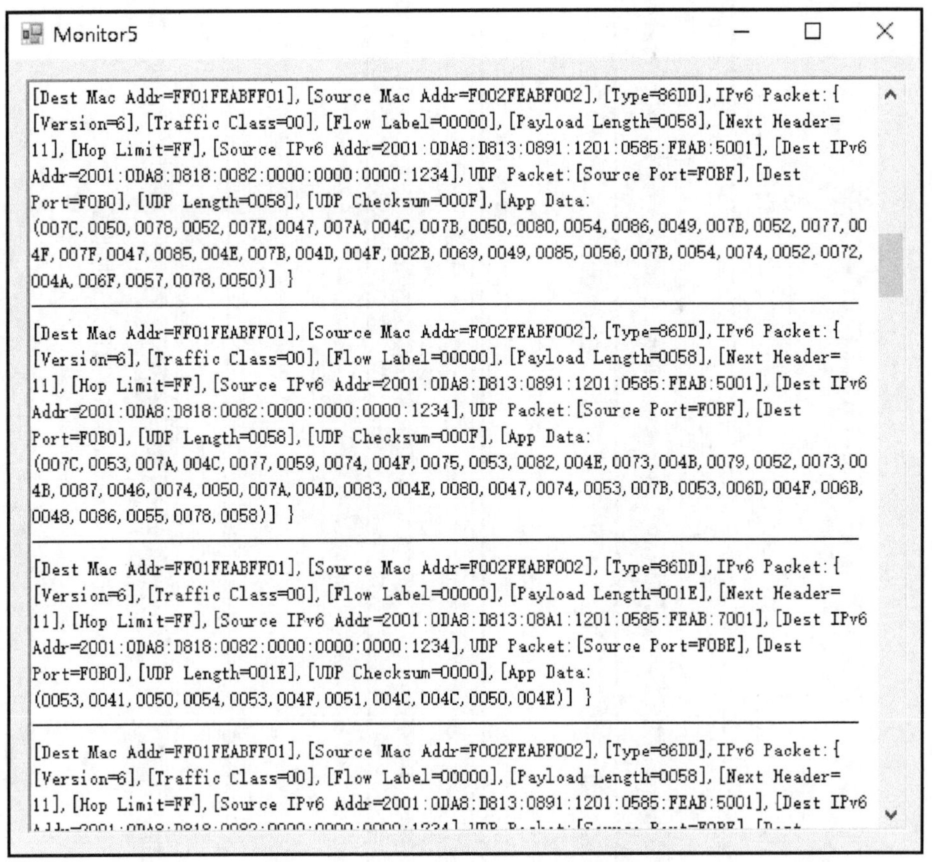

图 7-18 IPv6 路由器组件输出端口数据监控

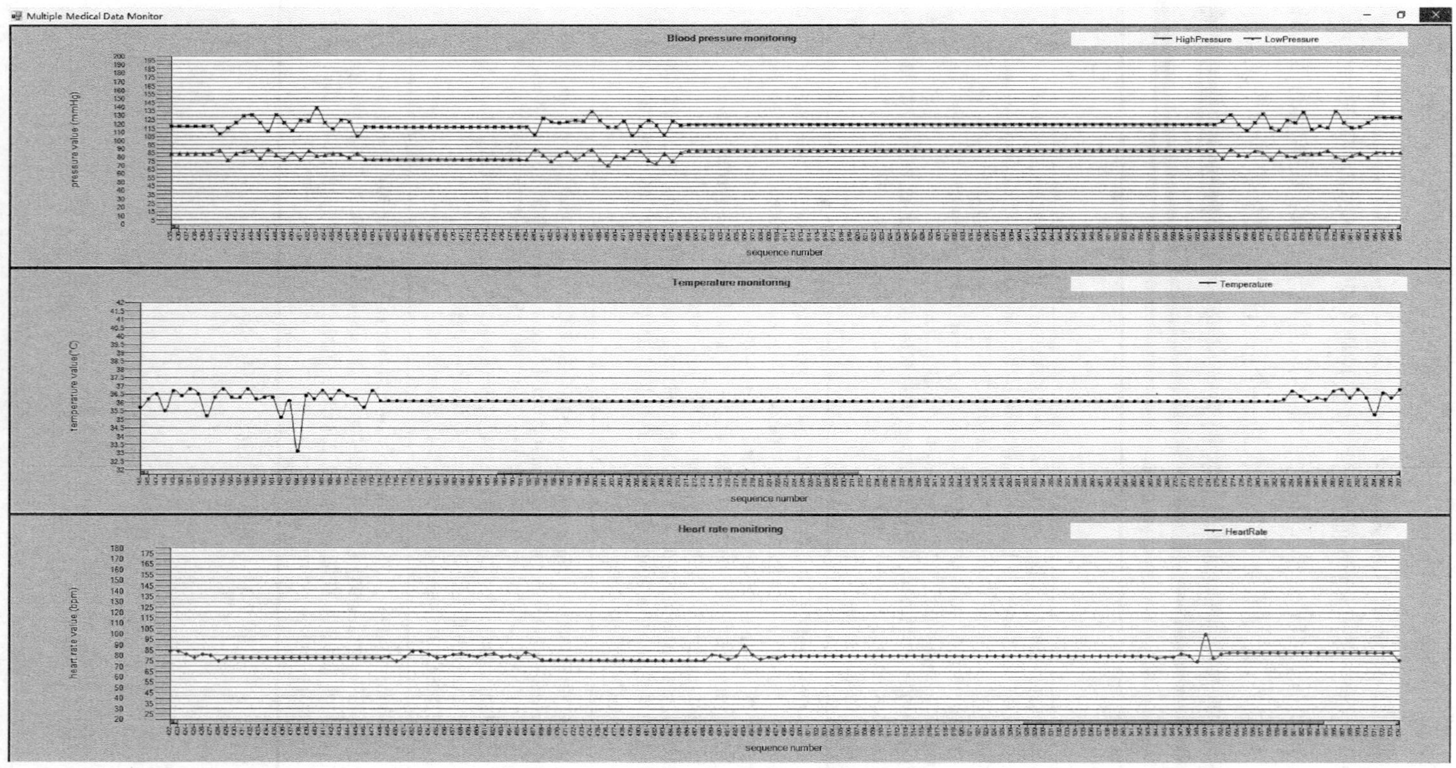

图7-19　医疗服务器多重医疗数据监控